大米无小事

要好好吃饭啊

米饭之书

李舒 主编

中信出版集团 | 北京

图书在版编目（CIP）数据

要好好吃饭啊：米饭之书 / 李舒主编 . -- 北京：中信出版社，2023.3
ISBN 978-7-5217-4537-5

Ⅰ . ①要… Ⅱ . ①李… Ⅲ . ①稻－文化史－世界 Ⅳ . ① S511-091

中国版本图书馆 CIP 数据核字 (2022) 第 123183 号

要好好吃饭啊：米饭之书
主编：　李舒
出版发行：中信出版集团股份有限公司
（北京市朝阳区东三环北路 27 号嘉铭中心　邮编　100020）
承印者：　浙江新华数码印务有限公司

开本：900mm×1000mm　1/16　　印张：9.75　　字数：228 千字
版次：2023 年 3 月第 1 版　　印次：2023 年 3 月第 1 次印刷
书号：ISBN 978-7-5217-4537-5
定价：88.00 元

目录

FOREWORD 序

CHAPTER 1 米的逆袭

CHAPTER 2 起锅，烧饭！

CHAPTER 3 好好吃饭

CHAPTER 4 米生万物

CHAPTER 5 世界之米

FOREWORD

答应我，好好吃饭

李舒

我对于米饭的第一记忆，是这圆滚滚的米粒居然神秘地操纵了我的婚姻大事。这个说法来自我妈，饭桌上，她总是眼神敏锐地盯着我的饭碗，这种睥睨的频率随着碗中米粒的减少而增加，空气中的气氛渐渐变得凝重，最终幻化成一句当头棒喝："把米饭吃干净，剩米粒将来嫁麻子。"

这条谚语似乎广泛流传于苏浙沪地区。长大之后，我在赵元任夫人杨步伟的《中国食谱》里找到了相同的话："你碗里剩下的粮食越多，你未来伴侣脸上的麻子就越多。"杨步伟的祖父因为新婚时发现祖母是麻子而痛苦了一辈子，也许那位杨仁山先生应该反省一下自己早年是不是有点浪费粮食。

长辈们的谚语，说到底当然是为了让我们惜食。但在食物越来越容易获取的今天，外卖和速食使得米饭特别容易被浪费，我不止一次在垃圾桶里看到一次性饭盒里的残羹冷饭，与此同时，由联合国粮农组织、世界粮食计划署和欧盟共同发布的报告显示，在 55 个国家和地区，2020 年至少有 1.55 亿人陷入危机级别或更为严重的重度粮食不安全状况，人数比 2019 年增加了约 2000 万人。

你也许想不到，在很长一段时间里，稻米都是珍贵的食物。《论语》中，孔子批评学生宰我服丧不到三年就吃稻米、穿锦衣，可见吃稻米与穿锦衣一样，是高级享受。直到汉武帝时期，往南方的会稽郡大量派遣了移民，开发了长江流域，这才有了稻米的逐步广泛种植。

我最喜欢辛弃疾的《西江月·夜行黄沙道中》里的两句，"稻花香里说丰年，听取蛙声一片"。十年前，我去北大荒采访，没有听到蛙声，却真的闻到了稻花香，稻花是藏在稻穗里的，细碎的白银一样的稻花，似粘非粘地散开在稻穗里，有淡淡的甜香。那是一种令人平静的香气，在那一刻，我终于相信，中国人的基因里，已经刻上了米饭的印记。

20 世纪 50 年代，有一位年轻人从红薯育种研究教学转向了水稻育种研究，他有一个朴素的梦想：让大家吃饱饭。这个人成功了，他叫袁隆平。这位在 2021 年稻花香的时节离开我们的院士，曾经做过一个梦，梦里，水稻长得有高粱那么高，穗子像扫把那么长，颗粒像花生那么大，他坐在稻穗下乘凉。美国《基督教科学箴言报》这样写道："稻米，在汉语中，不只是一个名称，在袁隆平看来，这个词的重要含义只有一个：生命。"

这也是我们做这本《米饭之书》的初衷，敬重每一粒米吧，它们曾经那样珍贵，是只属于贵族餐桌的特殊享受；它们曾经那样顽强，花了千年时光逆袭成为世界第二大粮食作物；它们曾经那样慈悲，哺育了一代又一代中国人。我无法想象没有米饭的世界，我们将失去年糕和米粉，将失去米醋和米酒，我们所热爱的酸菜鱼、麻婆豆腐、八宝辣酱等一系列下饭菜将"英雄无用武之地"，没有米饭，心里永远空落落的。

感谢你阅读我们怀着虔诚之心制作完成的《要好好吃饭啊：米饭之书》，这本书也许不够权威，一定不够全面，但我们充满真诚。我们想要通过这本书说一声：在疫情肆虐的时刻，懂得吃，舍得穿，不会乱。

让我们一起好好吃饭。

CHAPTER 1

米的逆袭

稻米：从不入流到“五谷之王”

从上万年前飘落在河边的一粒种子到现在地球上超过一半人口的主食，

稻米是怎么一步一步走向人类的？

文 默尔索｜摄影 七月｜图片 视觉中国｜插画 Tiugin

在来到四川之前，我确实很少吃米，觉得它的存在感远不如面。面至少可以做成馒头、包子、饺子和面条，根据馅料和浇头的不同，又能产生几十种食物。可是米饭，真的就只是米饭。

我的父亲是江苏人，母亲是辽宁人，我自小在内蒙古的中部长大。口味是标准的北方口味，至少当时还是这样。在成都生活了十多年后，我的味蕾与大脑都完成了本土进化，我不仅完全适应了麻辣口味，学会了自己做川菜，也习惯了很少吃面，基本上天天吃米饭。

回想起与米的每一次遭遇，可以说都是瞬间性的，热气腾腾的它撞上饥肠辘辘的我。至于其他时间，我很少想起它。更少想起米饭只是稻米万相中的一相而已：酒、醪糟、糍粑、年糕、米粉……这些事物看上去各成一脉，但皆由一粒米生化出来。再隐秘些，古代中国曾用稻壳米浆混土筑墙，历经百年而不倒，稻草除了能做燃料，制作宣纸也离之不得……在稻米身上，人类将物尽其用的精神开拓到极致，却很少有人歌颂它——酒足饭饱后，李白昂首望月，陶潜俯身采菊，李清照则去捕捉晚来急风……在那些百感交集的瞬间，稻米一直在田垄间寂寞地生长。

如果要有人来写米的故事，我一个半路出家的米饭信徒，可能并不是最好的人选。时下，地球上有超过40亿人以它为主粮，而若把历史上食用稻米的人数相加，更会得出一个无比夸张的数字，大到几乎让人忘记那全是生命。然而，对那些一直食用稻米的人来说，它已如阳光空气一样日常，人们早已停止对它的观察和思考。

所以，请允许我斗胆。

太师的问题

有这么个故事：北宋时，权臣蔡京问自己的孙子："米从哪里来？"一个答，从捣米的石臼来；另一个答，从装米的草席袋子来。这故事流传至今，成为蔡京一家与世俗割裂的罪证，我猜连蔡京自己都不知道，他提了一个何其复杂的问题。

能回答它的人，或许只有12000年前的一个女人。她叫阿布，住在今天的长江中下游地区，以四处采集食物为生。那时是母系氏族社会，阿布地位崇高。如果你问她米从哪里来，她会告诉你，米从水边来。

这答案也许不够高明，但更远古的事情，连阿布都不再知道。在被她们发现之前，水稻只是生长在池塘边的野草，她们近乎本能地将它带回，用石棒碾压脱壳，放进陶器随意烹煮，滋味当然不比肉类，可至少能让她们填饱肚子。现代科学告诉我们，那是因为稻米中富含碳水化合物与蛋白质，然而阿布只看到它万年未变的本性：只需一点火力，多水成粥，少水成饭，哪怕干成锅巴也能食用。这对烹饪技术尚不高明的阿布来说，已经完美。

原始社会里，一个族群每增加一个人口，食物危机也便增加一分。男人们的狩猎成果不稳定，阿布作为领袖，有时要尝试获得更多农作物。她对水稻的认识大多从偶然中获得：运输时，一些稻种撒在地上，隔几个

一粒米的构成

	能量	水分	蛋白质	脂肪	膳食纤维	碳水化合物
每100g稻米	346kacl	13.3g	7.4g	0.8g	0.7g	77.2g

○ 蛋白质
○ 碳水
● 水分

* 数据来源《中国食物成分表》第6版

月便会长出秧苗；收割那些稻谷丰富的茎秆，种下它们的种子，生长出来的稻谷也会更加丰实。这个过程谈不上连续，只是隔三岔五随性而为。有时，他们迁徙得太远，栽培中的水稻便被放弃。因此，这故事的进展也异常缓慢。

阿布不知道，在彼此相遇前，野生水稻至少在地球上孤独了 150 万年。它们遍布世界，但只有长江流域的水稻被人类最早驯化，阿布与她的族人，正是其中一分子。他们是野生水稻孤独的解放者，是对大自然宝藏喊出芝麻开门的人，可是，一万多年的时间里，他们在历史上毫无痕迹，甚至连阿布这个名字，都是我虚构的。

1962 年，考古人员终于发现了阿布生活的踪迹。在江西的一处溶洞里，他们找到许多史前的石器、陶器，以及用骨头和蚌类制成的渔猎工具。正当要继续发掘时，“文化大革命”开始了，考古工作搁置下来，但专家还是匆忙下了结论：这是新石器时代晚期遗存，距今 6000 年到 7000 年。他们当时还不知道，自己实在太保守了。

当旧事重提，文物们已在地下等待了 30 年。1993 年，中美组成联合考古队，重新在这里进行探索，此后 3 年时间，又在这里找到 600 多件石器、300 多件骨器、500 多件陶片和近十万件动物残骸。而其中最惊喜的，是发现了远古时代的栽培稻化石。

此前，印度、日本和韩国都在争当世界稻作之源，因为这三个国家都发现了距今 5000 年左右的稻谷化石。而经过检测，江西发现的栽培稻化石，来自 12000 年前。它无声地喊出一句：“肃静！”稻作之源的争论瞬间结束了。

当中美考古队发掘仙人洞遗址时，另一队考古人员正在六百公里外的苏州工作。相传，有仙人从天上掉下一只玉草鞋，落地后便成了他们面对的地方，名叫草鞋山。说是山，但它其实只是一座两米多高的土坡。若不是当地一座窑厂常年从这里取土，很难有人发现这里竟藏着宝藏。

考古队像做剖宫产手术一样把草鞋山剖开，震撼一层层袭来。草鞋山下的土层超过十层，靠上一点的是春秋时期，逐层向下，竟一直到新石器时代。这里的土地，是规整的中国历史编年史。人们甚至真的在这里挖出了玉草鞋，不过后来专家说，那是一只良渚时期

的玉琮，距今至少4000年。农业专家们则另有自己的激动，他们在这里发现了原始人类的水田、水沟和蓄水井，鉴定结果显示，那是大约6000年前人类的稻田。这些考古发现一经公布，草鞋山从一个不起眼的小土坡，立刻成为人类文明的高峰。

从仙人洞到草鞋山，粗略串起了稻米演化的时间线：12000年前，人类开始驯化水稻，一边狩猎，一边务农。6000年后，他们终于完成了这项工作，开始建造水井水田，从自由狩猎的猎人，真正变成固守土地的农民。而对水稻来说，这6000年的时光，是它们从野生到栽培的成人礼。稻米，就从这漫长的时光里来。

可是，我们仍然很难解释其中的种种玄妙，因此只好说，稻作起源是无数偶然的结果。人类偶然发现稻谷可以食用，长江中下游地区又偶然是地球上绝佳的农业起源地。假如一个地区山地资源太盛，人们的渔猎资源就更丰富，乃至无须转换生存方式；反之，如果只有平原没有山地，原始人类又很难熬过漫长的过渡期。在长江中下游地区，山地与平原资源偶然处在完美的平衡点上。因此，稻米就又从这一系列的偶然中来。

但愿这样，能勉强回答蔡京看似随意的小问题。

让人唏嘘的是，晚年蔡京失势，被贬官流放。他携带着万贯家财上路，但没想到自己已是众矢之的，沿途百姓，竟不肯卖给他一碗饭、一粒米；最终，蔡京饿死在一座破败的寺庙里。在人生末路，蔡京写下一首《西江月》：“八十一年往事，三千里外无家，孤身骨肉各天涯，遥望神州泪下。”在他人生的最后时刻，不知是否会想起那个下午，他的孙子们不知米从何来，他自己，好像也说不清答案。

卑微的“花魁”

孟子说，五谷者，种之美者也（五谷就是庄稼中最好的五个种类）。但可惜，他竟忘了说到底是哪五谷。

语言的空隙常引来争议，更何况是圣人言。东汉末年，陕西人赵岐说，五谷是“稻黍稷麦菽”。水稻榜上有名，另外四种分别是黄米、稷米、小麦和豆类。几乎同时，山东人郑玄则说，五谷是“麻黍稷麦豆”，二人说法大同小异，但差异的位置恰恰很关键：五谷到底是有麻

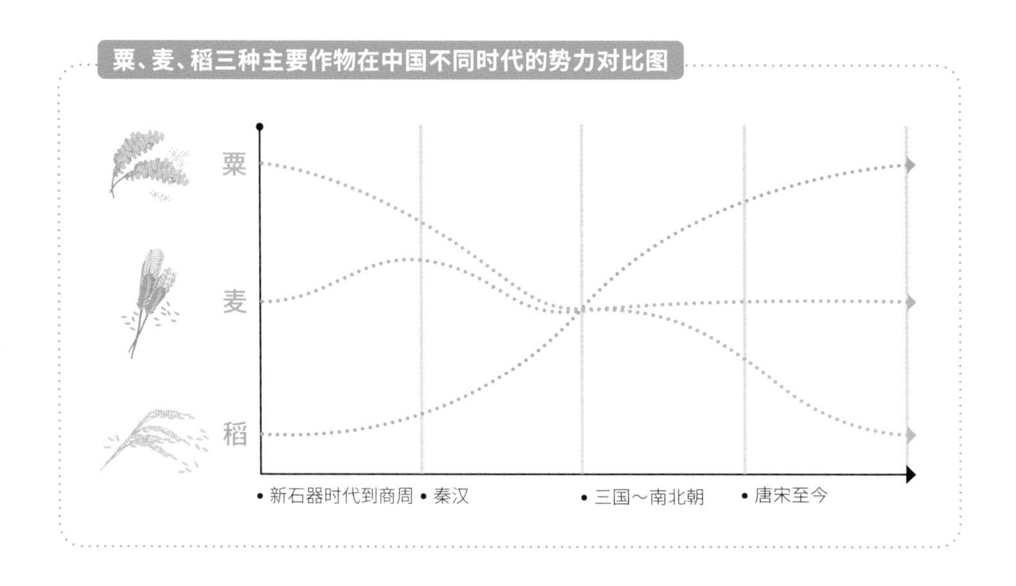

无稻，还是有稻无麻?时代再跨几步，赵岐郑玄也成了先贤，后人于是更加不敢拍板。

明代，《天工开物》的作者宋应星将赞成票投给郑玄，没有选择稻的理由，是他触摸到了事情的关键——稻米是长江流域的产物，而华夏文明基本上是黄河文明。如今一趟高铁的距离，在过去，要被称作“千里迢迢”。

稻米沦为边缘的原因，或许就在“千里迢迢”四个字上。北方人吃米素来要等，一是等它成熟，二是等它运来。无论走水路还是陆路，一袋米总要跨越千里，才能来到北方人的碗中。其过程劳人费时，价格自然也是最高。普通百姓囊中羞涩，只有贵族们乐得以此待客，以此证明生活优渥。

孔子曾有云：“食夫稻，衣夫锦，于女安乎?”这是圣人对宰我的责备，因为宰我服丧期未满，便想去过好日子，而所谓好日子，便是食稻衣锦。从春秋到隋唐，王族们不断修筑运河，其核心用途也是将南米北运。南宋罗愿写《尔雅翼》的时候，明确说过一句，若能吃上稻米，乃是“生人之极乐”。到乾隆时代，乾隆本人无一日不食稻米，晚清慈禧太后则点名要吃五常大米，声称“非此米不可进食”。

权贵的追捧总有示范意义，使得稻米在世俗生活中一直高贵，仿佛受追捧的花魁。可始终未进“五谷”之列的境遇，也让稻米有分无名，颇有些尴尬。请诸位不要深究贵族们的爱意，因为这份爱并不单纯，至少其源起主要是展示消费能力，正如同今天，不要去考验贵妇们有多么喜欢爱马仕。昂贵，总能让人的爱产生错乱，对稻米来说，只好送它一句难得糊涂。

上流社会爱得复杂，普通百姓则直接得多。在他们眼中，买不起稻米是真，不喜欢吃也是真。1057 年，河北大水，宋仁宗计划发放六十万斛大米赈济灾民，后来考虑到北方人不爱吃大米，便改成了四十万石小米；到雍正年间，山东灾荒，雍正下令把正在北运的二十万石大米留在山东，而山东巡抚则上奏，恳请皇上把大米换成小米，因为山东人素来吃小米和豆麦杂粮。

这种挑剔余劲十足。清代的八旗贵族爱米，但八旗兵丁与普通官员却不喜欢吃。清代冯桂芬记录，他们更愿意把稻米换成钱，再用钱去买杂粮，真正愿意去粮仓亲领稻米的，百不得一。有学者考证，稻米来到中国北方，要么卖给贵族，要么卖给了生活在北方的南方士兵与官员。

要说个中原因，生物学上的解释也许可以考虑：食物需要相应的消化酶分解，早期稻米昂贵，百姓吃得少，吃得越少，消化酶就越难被培养出来。冷不丁一吃，常有人表示食之病热，白话就是消化不良，如此，吃得便越来越少，直到走入看似不可解的循环。今天，中国南米北面的饮食差异仍在，若论源头，真是各自先民用嘴投票的结果。它已然被写入我们的 DNA 序列，挣扎自是无用，不如放下，与自己和祖先和解。

其实，哪怕没有身价昂贵的因素，稻米入“五谷”也未必够格——它虽走过百万年崎岖的旅程，但它的对手们，也无一不是饱经风霜。

在小麦被充分开发之前，北方首要主食是稷，也就是小米。随着小麦崛起，稷逐渐式微。少有人知，小麦是舶来品。9000 年前，西亚人最先驯化小麦，它一路向东流传，进入中国境内是大约 4500 年前。水稻步履艰难，连一条长江区隔开的饮食差异都很难跨越，但小麦进入中国后便很快适应了环境。甚至，早期中国人并不知道小麦的正确食用方法，他们将小麦带皮上锅蒸熟，做成麦饭，口感味道自是很差，但也总比又贵又吃不惯的稻米好。到了唐代，胡人带来的胡饼为中国人演示了小麦的正确吃法后，各种面食如雨后春笋般冒出——自此，五谷格局正式被改变。

到了唐宋时期，中国人的主粮基本只剩三种，那就是粟、麦、稻。而水稻，这个曾经不入流的边缘物种，正是从这个时期开始逐步登上了“五谷之王”的位置。

南渡，南渡

地理学家陈正祥说，秦汉时代，北方地区每平方公里有 100 ～ 200 人，在繁荣的关中地区，相同面积人口密度达到 200 人以上，而同时代的南方，相同面积人口密度至多不到 10 人。此后数百年，即使经历了一次东晋的衣冠南渡，中国北方的人口数量都远远多于南方。直到 755 年，中国人口史上的又一次重要转折点开始出现。

755 年冬天，唐王朝的节度使安禄山从河北范阳起兵，15 万大军攻向东都洛阳，随后直指长安。烽火八年不息，覆盖了大半国土。战火烧过，荒草千里，万室空虚，男丁基本都被征为士兵，农业废弛，仅有的粮食也多被征为军粮。人们四处逃难，除了躲避战火，也为寻一口饱饭。

逃去哪儿?南方。

据记载，749 年，唐朝编户 906 万户，到 760 年，编户只剩 193 万户。11 年时间，人口只剩 1/5。而从南方诸多区域的记录来看，其居民数量为战前的将近 10 倍。这次大规模的人口南迁，一直持续到五代十国，南北方人口接近均衡。

人在哪里，粮食就在哪里。这话反过来说也合适。

避难的人如洪流，成倍的灾民涌向南方，可是依当时南方的水稻亩产，根本无法承受如此规模的人口涌入。直到 1012 年，水稻的命运出现了重大转折。

1012 年，宋真宗赵恒命人从福建取来 3 万斛稻种，将它们分拨给江淮、两浙地区。这位皇帝对他的臣子说，这批稻种格外耐旱，可以解决水稻稍有干旱便歉收的问题。

各地领取稻种后，分发给农民实践，人们发现这批稻种不只耐旱，而且生长周期很短，最短只需要 60 天便可收获。因为它的特性，许多水源并不丰富的山地丘陵地区也被开发，水稻种植面积又扩大了。

这批稻种叫占城稻，来自古代占城国，即今天的越南境内。它的身份看似舶来，实际却是海外留学深造后的“海归”。长江流域是稻作之源，越南境内的占城稻本是自中国传入，在异国他乡，水稻为了适应当地气候，发展出耐旱早熟的特性。许多年后，它回到中国南方，最先在福建开始种植，因为它，福建人才开始开拓梯田，今天，那里的梯田已是震撼的景观。占城稻确实宝贵坚韧，当北方移民的洪流来袭，南方已经成为鱼米之乡。

但和所有速成品一样，占城稻的缺点是品质不佳，贵族们甚至认为此米不可食用，以至于朝廷税收也不收占城稻米。当然，百姓们不挑剔它，贵族们的厌弃反而让普通人吃得更饱。南宋初年，江西——正是发现万年县仙人洞的江西，有 70% 的稻米都是占城稻。

除了占城稻，另有一个稻种在唐宋时代流行，名叫黄穋稻。占城稻耐旱，黄穋稻则耐涝，生长周期同样只需要 60 天。毫无疑问，这也是一种有救灾功能的水稻。占城稻使人们的耕作环境走向水源并不充足的山地，黄穋稻则开拓了低洼的圩田。它们像一对双胞胎，各自闯荡于神州大地。结果就是水稻的产量增长直接激发人口倍增，到南宋建立后，南方人口更是正式超过北方，这个状况一直延续到今天未变。

也正是在南方人口超越北方的那一刻，水稻的种植面积超过了小麦。在这个推崇五谷的国家，水稻从一个不被看好的边缘作物，正式登顶，成为五谷之王。当国家的经济生活重心来到南方，即便后世不断有政权定都北方，也已无法改变一个事实——吃米的人，比吃面的人更多了。到了明代，据宋应星记载，在当时的社会，稻米养育着全国 7/10 的人口。

参见五谷之王

小麦最终没有成为五谷之王，很大程度上是因为它无法在更南方的区域生长，当然，水稻也不能走向中国真正的北方。这故事本该以双方划江而治收尾，但水稻却不满足于此，因为和小麦不同，它拥有历史上最强力的外部援助——人。

1070 年，一个江西抚州人（没错，又是江西）走上仕途巅峰，在全国推行农田水利法，在 7 年时间里，兴修 17093 处水利工程，灌溉农田超过 3000 万亩；1093 年，一个四川眉州人在人生最落寞的时刻来到河北定州，这已是当时的大宋边陲，他在这里开辟了 2000 多亩水田种稻，并写出了一首稻秧歌，传唱至今。

这两个人，第一个是王安石，第二个是苏轼。

其实，不只是文豪仕子，帝王也可以成为水稻的推广大使。康熙年间，故宫西边的丰泽园就是一片稻田，这里的稻种来自河北，每年 9 月如期成熟，供应皇室食用。某年 6 月，康熙皇帝在田埂间偶然发现一株稻苗，它比其他稻谷高出一大截，而且果实都已成熟。康熙命人将稻种收藏，次年再次播种，发现这批稻种确实能提前 3 个月成熟。此后 40 余年，皇宫都食用这种米，称之为御稻米。

在发现御稻米之后，康熙认为它至少有两个用武之地。一是在更北的北方，它能够赶在白露前成熟，这意味着长城以北极短的无霜期也有可能种植稻米；二是在温暖的南方，这批稻米的成熟速度或许更快，甚至有可能达到一年两熟。御稻米因此得到推广，最终成为唯一能在长城以北种植的水稻品种，而在南方，也由其高产而拓展出市场，《红楼梦》里提到的“御田胭脂米”，实际上便是此物。

显然，在稻麦战争的后半段，水稻是以压倒性优势取胜的。它不断杀进小麦的核心领地，而且越走越远。人们种了水稻，便很难种小麦，它不光征收了土地，也征收了社会一大半的人力。它赢了，成了千秋万代、江山永固的五谷之王。

一件相当恐怖的事情是，在水稻扩张版图的过程中，从帝王、臣子，到普通农民，水稻几乎让每一个人都站在了自己这一边，或者说，它总能俘获那些能起到关键作用的关键人物。如果说北民南渡是历史的偶然或人类的主动选择，那么在此后的 1000 多年里，水稻更像是掌握着主动权的一方，配合它的人们是那样甘愿，并且乐在其中，而水稻也不断呈现出向更严酷地区进发的野心。要知道，在这个蓝色星球上，大部分的植物和动物都不能被驯化，可是水稻不仅仅能够被驯化，它似乎是不遗余力地配合着整个驯化过程，并主动适应着每一个环境。

我确实很难再将水稻看作一种没有思考能力的植物。很少有人能通过改变自己来改变世界，但这种植物做到了。在人类危急的时刻，它像具有智慧一样，总能无

声地伸出援手，在一次又一次的感动中，我们的关系越绑越紧，我们用它制作出成百上千种食物，并在同时生发出强烈的情感，认为自己爱它，依赖它，永远都无法离开它。

因此我要说，这是一种“可怕”的植物。

直到世界尽头

水稻成为五谷之王的故事，讲完了。我不确定是不是就该停在那里。

对五谷之王来说，我最后的发言是忤逆的，比我更忠诚的稻米信徒会说：“看哪，这个狂妄的异教徒！”假如它真有智慧，假如残余在我体内的稻米能量能读懂心意，我或许会受到永远不能吃到稻米的惩罚，至于我爱的醪糟、糍粑、凉糕、米酒……啊，沙扬娜拉。

毋庸置疑，水稻登顶王座，可谓苦心孤诣，它简直比勾践更能隐忍，比忽必烈更有野心，比诸葛亮更懂得运筹帷幄。但是，凡事皆有代价，它所付出的，就是今天野生稻已如凤毛麟角，人工栽培稻几乎完全失去了自主繁育能力，90% 的稻米失去了遗传多样性。如果没有人类干预，它将难以在这多变的星球生存下去。

同样，如果没有水稻，你，我，我们的父母亲友，或许都不会存在。人口数量总是与粮食生产力挂钩，人类若没有走向农业文明，仍会是狩猎采集的一种猿类。今日我们赖以生存的一切，电力、自来水、空调、汽车和综艺节目，都将不复存在。

看来，这伟大的五谷之王，注定要与我们一起在这星球上相依为命。

如果要为这约定加一个期限，我想，那会是世界尽头。

万变不离籼粳

世上大米千千万，但都师承籼米和粳米两大门派。

文 默尔索 ｜ 插画 Tiugin

世界上到底有多少种米？

如果要谈具体分类，全世界据说有超过 14 万种不同品种的稻米，中国目前在种植的水稻品种就超过 900 种。但从宏观角度看，世界上只有两种米，分别是籼米与粳米。

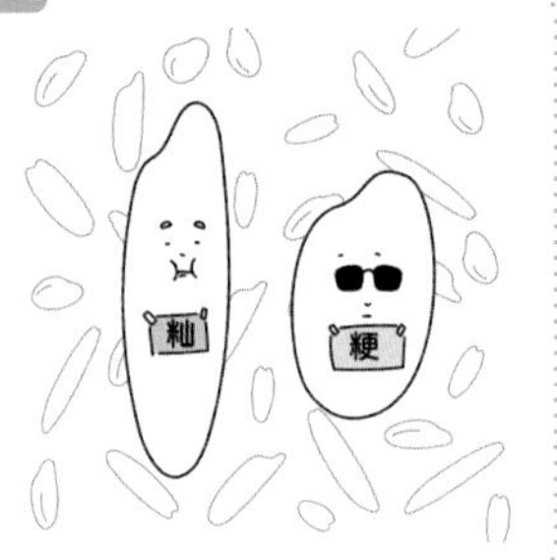

籼米与粳米，哪一个更好吃？

好不好吃完全看个人口味，但可以明确的是，粳米比籼米更耐饥。决定稻米耐饥程度的，是直链淀粉含量，含量越高越不耐饥，而籼米中的直链淀粉含量高于粳米。

怎么区分籼米与粳米？

一是肉眼观察，籼米细长，粳米短圆；二可以看产地，籼米不耐冷，主要种植地都在中国南方，如两湖、两广、四川、江西，丝苗米就是很有代表性的籼米；而粳米相对耐冷，绝大部分粳米产自中国北方，例如赫赫有名的五常大米。

水稻为什么会分化出籼、粳两个品种呢？

有学者认为，籼粳起源相同，是在由南向北的发展过程中，根据自然条件和生存需求自行分化的；而也有学者认为，籼粳连起源都不同，粳米起源于中国，而籼米起源于印度。至今，学术界还没有统一结论，但支持同源说的学者更多一些。

有人说米有三种，分别是籼、粳、糯，怎么和你的说法不一样？

从科学角度看，糯米不是独立于籼粳之外的另一种米，只是因为它的支链淀粉含量奇高无比，黏性极强，因而显得很特别。籼米和粳米都有属于自己的糯米，即籼糯和粳糯。

今天我们吃的米，和古代人吃的米一样吗？

还是很不一样的。比如，古人最常吃的其实是糯米，《诗经》中的“稻”，指的便都是糯米。北魏《齐民要术》一书，记录了黄河流域 24 种水稻，其中粳稻 13 种，糯稻 11 种；明代《稻品》，记录太湖地区 32 种水稻，籼稻 18 种，糯稻 14 种，足见糯稻的重要性。今天，我们只有少部分节日才会专门以糯米为食，它们中的大部分都被用来酿酒了。

成都

ChengDu

米

北京

BeiJing

㊀米

上海

ShangHai

米

苏州

SuZhou

米

盘锦

PanJin

㊮

RICE NEWS

文 林钦圣 | 插画 Tiugin

No.329

米有八卦——你不知道的大米冷知识

RICE KNOWLEDGE YOU DON'T KNOW

秦汉

★★★ 新品方便米饭上市！李广将军倾情推荐

“糒”，即干饭，把煮熟的米饭晒干保存，吃的时候，把干饭放进汤水中，以水泡饭，方便快捷。这也许是中国最早的方便米饭。秦汉人外出办事时，常常携带“糒”做“干粮”，部队行军打仗时，士兵也随身携带。《汉书·李广传》记载，大将军卫青曾特意派使者带“糒”和酒送给李广。

三国

司马懿：身体好不好，看饭量就知道

《晋书·宣帝纪》记载，司马懿问诸葛亮的使者：“诸葛公起居何如?食可几（许）米?”使者答道：“三四升*。”司马懿断言：“诸葛孔明其能久乎！”

* 魏晋 1 升约合今天 0.2023 公升，每公升大米重约 1.7 斤，换算过来，诸葛亮每天只能吃 1 斤大米（这远低于当时外出打仗士兵的平均饭量）。

煮酒论英雄的主人公下令禁酒！

据《后汉书》卷 70《孔融传》记载：“时年饥兵兴，操表制酒禁。”《三国志·蜀书·简雍传》也提道：“时天旱禁酒，酿者有刑。”曹操和刘备都在当时下令禁酒，为什么煮酒论英雄的两位会颁发禁酒令呢?因为酿酒需要消耗大量粮食，在生产力难以保证的时代，禁酒是有效解决粮食匮乏、稳定社会生产的最好办法。

西晋

晋惠帝发言引发热议！

在晋惠帝执政时期，天下荒乱，百姓饿死，晋惠帝得知这个情况之后反问手下："何不食肉糜？"糜，即粥。在晋惠帝眼中，没有粮食吃的老百姓可以煮肉粥，为什么会饿死呢？

东晋

陶渊明"酒鬼"人设意外曝光

据《宋书·隐逸传》记载，陶渊明在县里当官的时候，命令公田全部种秫，而妻子和孩子坚持请求种秔。于是改成二顷五十亩种秫，五十亩种秔。秫，是用来酿酒的一种高粱；秔，也作"粳"，可熬粥。爱喝酒的陶渊明不愿意公田种能吃的"秔"，巴不得全种可以酿酒的"秫"。

唐

道家秘制美食"青精饭"，杜甫吃了都说好

青精饭，即乌米饭，这是道家流传下来的养生食品。用乌饭树的叶枝捣汁，将白米饭浸染成青黑色，蒸成饭后晒干，食用时加开水烫熟。据说青精饭可以袪病、延年、益寿。这在杜甫的诗句中有所体现，《赠李白》中有一句诗："岂无青精饭，使我颜色好。"

宋

正能量！"海归"占城稻立奇功

早年从中国传入越南的占城稻，在唐末五代时经海上丝绸之路又传回了福建沿海，之后在福建南部种植。宋真宗赵恒在任时，广泛推广抗旱能力强、生长周期短的占城稻，有效解决了由人口激增导致的粮食不足问题。

清

广东居民看过来，第一批泰国大米抵粤

雍正二年（1724），首批暹罗（泰国）大米被运到了广东。雍正皇帝下令，按当时中国的市场价销售这批泰国大米。因此，广东居民成为第一批吃泰国米的中国人。

让贾母都舍不得吃的米是什么来头？

在《红楼梦》第七十五回中，"尤氏早捧过一碗来，说是红稻米粥。贾母接来吃了半碗，便吩咐将这粥送给凤哥儿吃去"！这红稻米粥是用珍贵的"御田胭脂米"熬制的。据考证，"御田胭脂米"就是康熙大帝亲自选育的"色微红"的"御稻米"。

中国名米录

来！一起扎进中国的大米缸。

文 林钦圣 | 图片 视觉中国

原阳大米

出道时间： 东汉

籍贯： 河南省原阳县

品种： 粳稻

形象特征： 晶莹透亮，软筋香甜

个人履历： 历史悠久，东汉时即为朝廷用粮，1994年，《人民日报》称原阳大米为“中国第一米”，此后，原阳大米分别在2003年和2009年两次上过太空，率先进入了中国大米的“太空育种”时代。

小站稻

出道时间： 宋代

籍贯： 天津市南郊小站地区

品种： 粳稻

形象特征： 洁白有光，软而不糊，一家煮饭，四邻飘香

个人履历： 始于宋辽，成名于清朝末年，曾为宫廷御膳米。日军侵华，将小站稻视为高级军粮。新中国成立后，小站稻曾以特二级优质米销往世界。

万年贡米

出道时间： 南北朝

籍贯： 江西省万年县

品种： 籼稻

形象特征： 形似梭，白如玉，质软不腻，味道浓香

个人履历： 从南北朝时期至清代一直为皇室贡米，其产地江西省万年县是举世公认的稻作农业发源地，是“上帝安排种水稻的地方”。万年贡米产量稀少，万金难求，2007年的拍卖价格曾达到每公斤1.38万元。

遮放贡米

出道时间： 明代

籍贯： 云南省芒市

品种： 籼稻

形象特征： 香松酥软，食之不腻，热不黏稠，冷不回生

个人履历： 1623年，遮放土司多思潭以此米进贡大明，受到熹宗皇帝喜爱，因之声名大噪，自此直至清末，遮放米一直为朝廷贡米。1956年，周恩来总理将遮放贡米定为国宴用米之一，是当之无愧的“云南第一米”。

五常大米

出道时间： 唐代

籍贯： 黑龙江省五常市

品种： 粳稻

形象特征： 清白透明，饭粒油亮

个人履历： 中国大米中的银河战舰，历史悠久，声名显赫，自然资源得天独厚。其历史可追溯至唐初渤海国时期，慈禧太后称：“非此米不可进食。”纪录片《舌尖上的中国》则评价：“这，是中国最好的稻米。”

御田胭脂米

出道时间： 清代

籍贯： 河北省唐山市

品种： 粳稻

形象特征： 里外暗红，气香味腴

个人履历： 由康熙皇帝发现并推广的皇家贡米，出生便在帝王家，由于成熟速度快，能赶在白露前成熟，成为当时唯一能在长城以北种植的水稻品种，而在南方，甚至有可能达到一年两熟。在小说《红楼梦》中亦有客串。

响水大米

出道时间： 唐代

籍贯： 黑龙江省牡丹江市

品种： 粳稻

形象特征： 浆汁如乳，油亮溢香

个人履历： 米中贵族，喝的是长白山冰雪融水，住的是肥沃黑土地。1300年前，渤海国便以响水米进贡大唐。新中国成立后，此米也是国宴用米，产量稀少，珍贵难求。

盘锦大米

出道时间： 民国

籍贯： 辽宁省盘锦市

品种： 粳稻

形象特征： 籽粒饱满，气味清香

个人履历： 1928年，张学良组建“营田公司”在盘锦开荒种稻，盘锦大米因之成为“帅府专供”。1949年后，知识青年与当地农民一起开发“南大荒”，盘锦大米在口口相传中享誉全国。2008年，盘锦大米被指定为“北京奥运会专用米”。

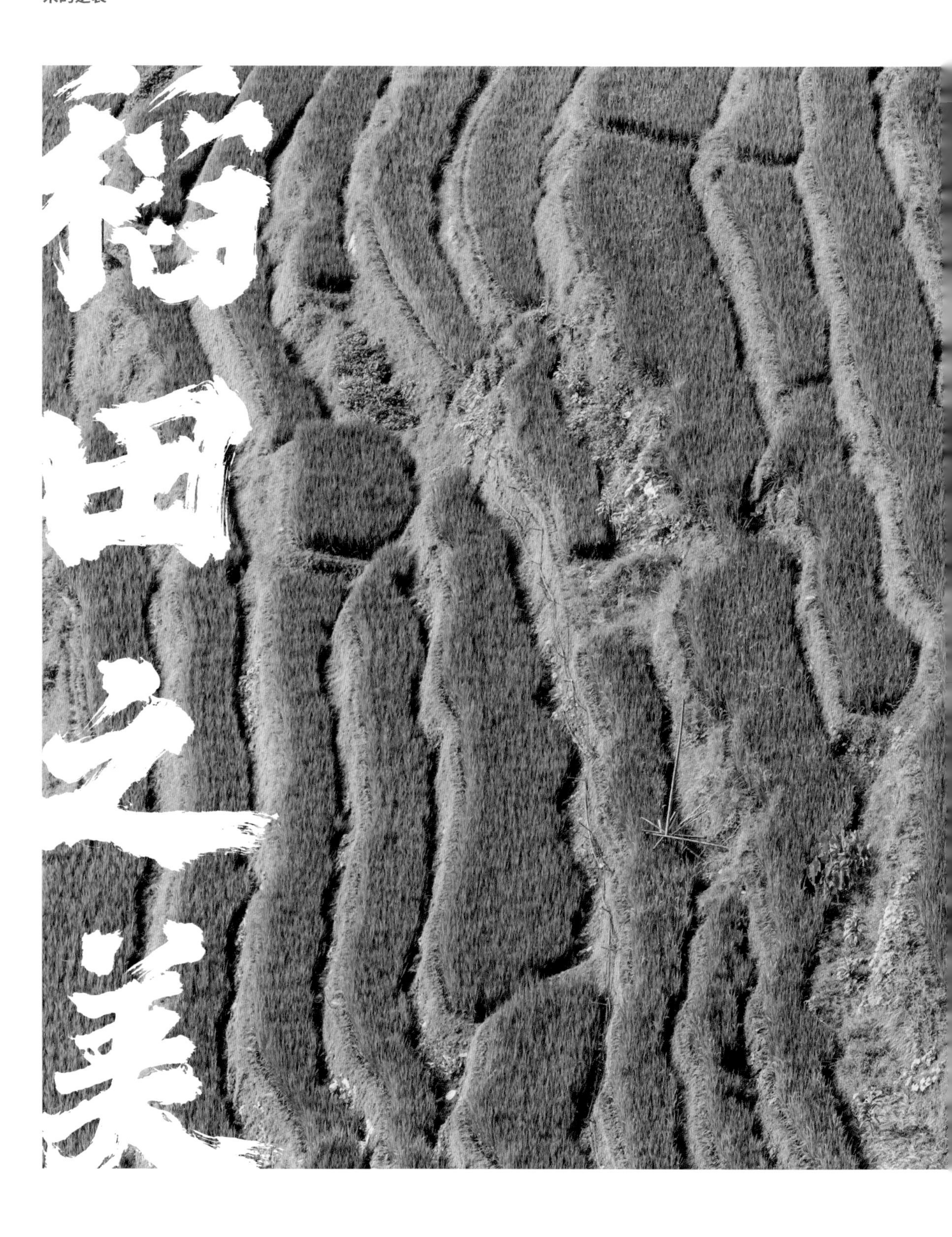
稻田之美

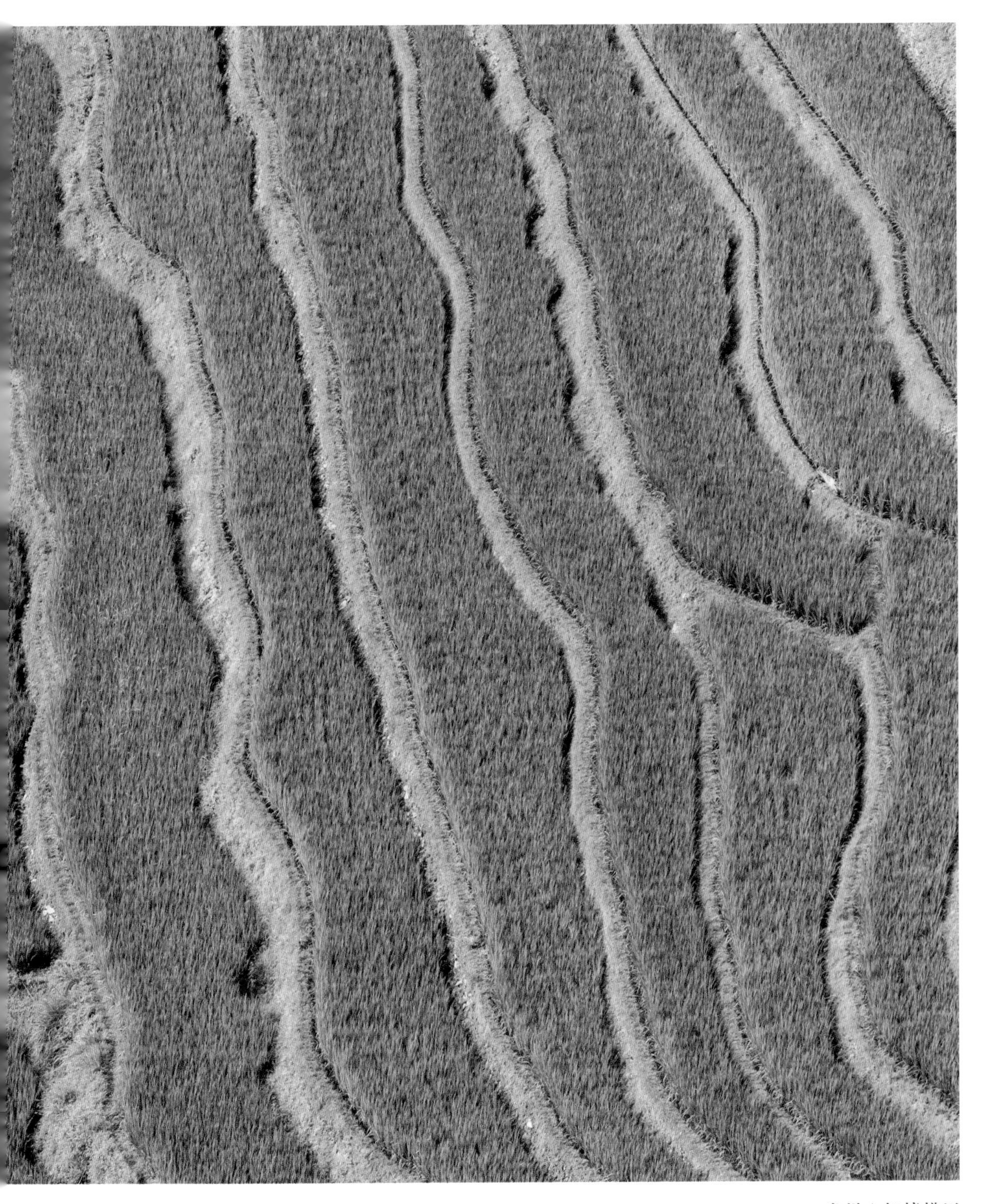

贵州 | 加榜梯田

广西｜龙胜梯田

辽宁 | 红海滩国家风景廊道

云南 | 元阳梯田

CHAPTER 2

起锅，烧饭！

电饭锅编年史

文 冀翔 | 插画 xrc

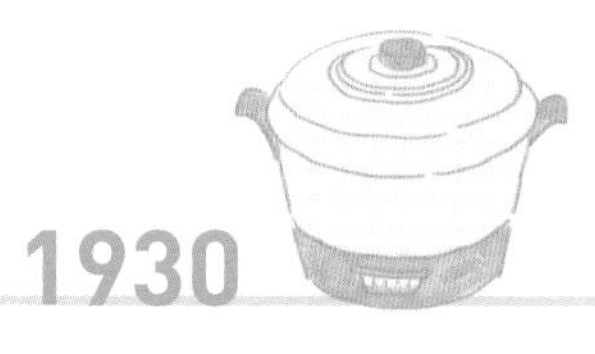

1923

日本三菱电机发明了第一个“三菱电气釜”NJ-N1，然而它并未被多数家庭采用，其结构与今天的电饭煲也不尽相同，只能说是后世电饭煲的一个雏形。

1930

三菱制造出第一款可以在温度达到时断电的电锅 NA-80。

1934

日本陆军经理学校研制出的“九七式野战电气炊事自动车”试制完成，上设木制“炊饭棚”12 个，可以在 25 分钟内蒸好 6 升“米麦五”饭（米与大麦以 7:3 比例混合），同时满足 25 人主食需求——这也算电饭锅最早的雏形之一。

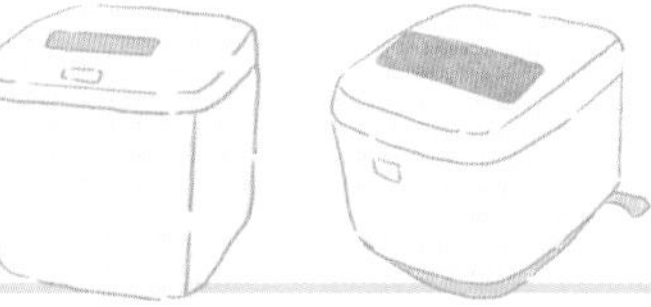

1988

三菱研制出业界首款方形电饭煲 NJ-A 系列，增大了同等体积下的内胆容量。从此，方形成为日本电饭煲的标志之一。

同一年，松下的动作更大，他们研制出了 IH 电饭煲——作为人气至今居高不下的网红产品，“IH”指的是电磁加热（Induction Heating，缩写为 IH），在电饭锅底部和内壁都安装电磁加热装置，让米饭熟得更均匀。这一设计的革命性，导致今天 IH 电饭煲依然比普通款贵一个档次。

1979

松下研发的微电脑控制电饭煲，利用微电脑芯片，可以全程控制温度和湿度——从此，人们对电饭煲的需求从“把饭做熟”，开始走向“把饭做好”。

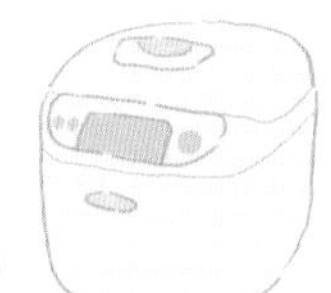

1992

三洋电机技术部技术 1 课课长内藤毅研制出了 IH 压力型电饭煲，至今作为高端电饭锅的标志，它煮熟食物更快、更均匀，当然，也更贵。

2003

具有高温蒸汽功能的 IH 电饭煲出现，除了日常的蒸饭需求之外，高温蒸汽也可以防止剩饭变干。

2006

三菱“本炭釜”电饭锅面世，据宣传，其内胆制作过程繁复，且更适合 IH 电饭煲的加热方式——然而，其高达 100000 日元（约合现在的人民币 6368 元）的售价也令人咋舌，之前日本市面上的电饭锅，最贵也不过 50000 日元。

电饭煲的发明，始于日本，这个吃米大国，在它沉迷于电气化的时代，把西方的电力技术和东方独特的饮食习惯，结合成了一种充满未来感的亚洲土特产。后来，随着亚洲各国科技的发展，如今的电饭煲外形越来越不像炊具，而继续了它作为科技生活潮流的象征：哪怕没有了蒸汽，它依旧很朋克。

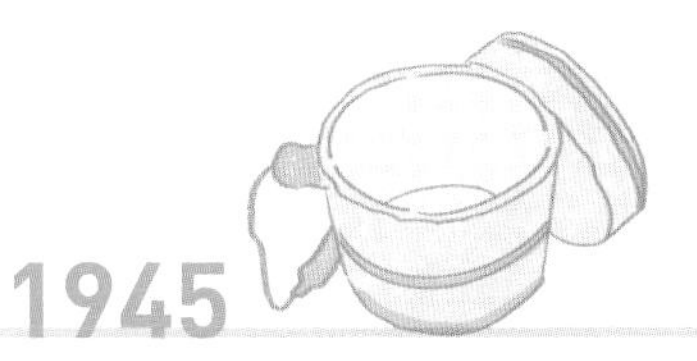

1945

你们熟知的索尼，为日军开发了一种加热电饭煲试制品，看起来像一种插电的日式木饭桶——然而没等成功推广，日本人就输掉了战争，它也以饭桶的身份消失在历史长河里。

1956

东芝开发的电气自动电饭煲，成了**第一款成功量产的电饭煲**。它的原理其实并不难，分内外两口锅，外锅套内锅，在两者之间加水，按下电钮，隔水蒸饭——东芝的销售人员挨家挨户向主妇们演示它的神奇，结果销量爆棚。由于它“让主妇多睡一小时”的定时功能，4 年之内，日本一半家庭都用上了电饭煲。

1960

当东芝称霸日本电饭煲市场 4 年后，另一位未来的“锅霸”**松下**终于出动了。他们的**自动保温式电饭煲**，打破了从前电饭锅不能保温的情况，两年后以“乐声”（National）之名横行香港。当时的总代理蒙民伟为了推广，也抱着锅在北角渣华道挨家挨户煮饭，不过这次饭里加了腊肠。

1962

王家卫《花样年华》的电影时空里，香港主妇苏丽珍的丈夫从日本买回一个“乐声”电饭煲，四邻纷纷围观。后来，香港人管电饭煲叫“**西施煲**”，意思是“煮饭婆”们由此从灶台前解放，成为西施——很快，苏丽珍就跟周慕云一起去吃西餐了。

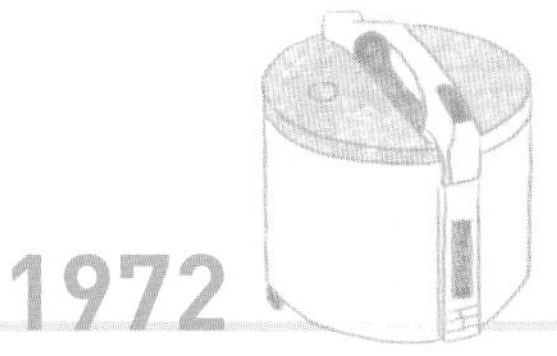

1972

三菱发明了第一台电子控制电饭煲。后来，到了大多数中国人都用得起电饭煲的时代，“90后”第一次见到的电饭煲，很多都有了电控板。

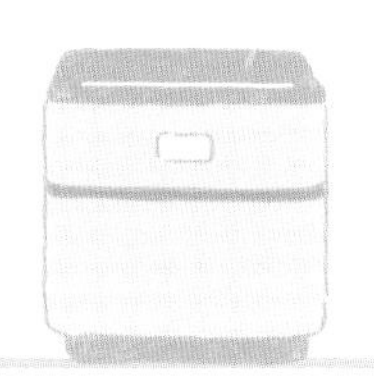

2008

不愿给别人添麻烦的日本人，终于研制出了无蒸汽电饭煲，这样即使在相对密闭的空间里，也不会让电饭锅的蒸汽打扰到别人。

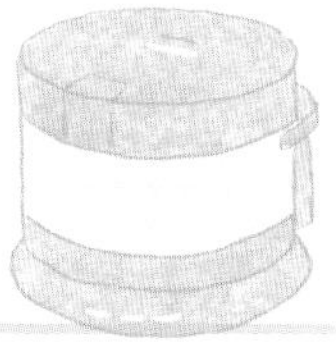

2014

随着日本独居者的增加和人口老龄化趋势，容量更小、更轻便的电饭煲也被研制出来，不仅能满足“一人食”需求，也可以轻易放在饭桌上。

2016

三菱的“无蒸汽电饭锅”NJ-XS107J 发布，它可以把蒸饭散发出的水蒸气收集在内部的水箱里，作为蒸饭用水继续使用。

没有电饭锅，就没有《花样年华》

电饭锅是周慕云太太和苏丽珍丈夫一段“出轨”的开始，也是《花样年华》里无数有关食物的密码开关之一。

文 李舒 | 插画 Judy

“爱说话”的小店

1955 年圣诞节，上帝送给全世界家庭主妇一个礼物。东芝公司试着制作了 700 个神奇的炊具，这些炊具分内外两层，里层入米，夹层添水，加热煮沸，米可成饭。这个叫 Denkigama 的东西便是电饭锅。东芝公司采用上门推销的方式，向所有主妇展示电饭锅的神奇。一个月之后，东芝公司接到了 20 万个电饭锅的订单。松下公司为此专门成立了电饭锅部门，对机器进行了二次改良，免却每次煮饭均需添水的麻烦。

在东京，一个香港人注意到了这款产品，他打电话给在香港的儿子，对他说，电饭锅一定会带来一场厨房“革命”。

这个香港人，便是有着“电饭锅之父”称呼的蒙民伟。1962 年，当全日本半数家庭都用上电饭锅时，最初的 100 个松下电饭锅在香港的销量并不好，香港人反日情绪重，认为日本货品质差，用用就坏了（当时戏称“日半货”），更有人说，这玩意儿不是痰盂罐吗?于是，蒙民伟选择了北角渣华道作为推广试点，他带着两名下属，挨家挨户向家庭主妇们演示无火煮饭，又在理发店里亲自煮腊肠饭，腊肠香味四溢，店内顾客们都好奇地问这是什么，蒙民伟知道，电饭锅在香港的推进，差不多会成功。

很多年之后，一部叫《花样年华》的电影里，张曼玉扮演的苏丽珍向潘迪华扮演的房东太太演示电饭锅煮饭，完美还原了香港老百姓们初见电饭锅的心情。而电影里的那只电饭锅，确实就是“乐声”。

电饭锅的出现，掀起了一场厨房革命，家庭主妇们第一次在做饭这件事上获得了闲暇时间，她们不再需要烧火燃炭，也不需要守在柴灶前看着瓦锅煲饭煮粥，科技换来了女人的自由。

当然，苏丽珍绝对不会想到，这种自由，有时候也会成为“一枝红杏出墙来”的发端。当周慕云很客气地接受苏丽珍的善意，托苏丽珍丈夫陈先生从日本代购一个电饭锅回来后，我们才在镜头上见到了周慕云和陈先生以下的对话：

“还没付钱给你，多少钱？”
“你太太已经给我了。”
“是吗？”
“她没告诉你？”
“她这阵子值夜，等她回来我已睡了。”
“你太太在酒店做工也颇辛苦。”

上海太太的厨房

蒙民伟选择北角作为电饭锅占领香港的第一战，可谓苦心孤诣。北角在当时的“花名”是小上海，而只有来自上海的女士们对于厨房才有自己的坚持。上海出生的宁波人司明1950年移居香港，1960年，他在专栏上抱怨，自家的广东女佣坚决求去，原因之一，是太太成日要来厨房，自己也煮不惯“上海餸”（上海菜）。

所以《花样年华》里，房东孙太太的女佣显然是从上海一道过来的，所以才会煮“蹄髈汤”，会荠菜裹馄饨，更重要的是，即便孙太太不在家，她也是可以留客吃饭的，这是老管家方会有的体面。钱似莺在出演时，已经年过90，讲一口地道的老派上海话，她是第一代武侠女星，1931年的《影戏生活》上有不少她的靓照。她的丈夫是洪济（洪济的弟弟是剧作家洪深），大家更熟悉她的孙子洪金宝。

1950 年春天，自九龙火车站出来的上海人简直如同“潮涌”。司明开玩笑说，上海人无聊时时常在火车站口试图寻找亲戚朋友，而往往如愿以偿，总有几个亲友就搭着那班车来了。

来了的人，总以为是暂时的，他们终究会回去，扮演孙太太的潘迪华第一天到香港时，她说：“嗤！整个乡下地方，又小又落后，同上海没得比。”当时她只有 15 岁，认定自己是过客，始终会回上海。在香港的上海人喜欢对别人说，我来此地白相一阵，为的是“避风头”。

既然是避风头，没想过要学广东话，没想过要买房，上海的生活便要一切照旧。《花样年华》的开头，孙太太讲“今朝烤子鱼蛮好”，这道烤子鱼，便是上海生活最倔强的写照之一。

上海人叫的烤子鱼，更多地方的称谓是“凤尾鱼”，听起来更多雅致，偏偏求嚖的上海人，却不肯认账，非要叫作烤子鱼，连香港的凤尾鱼罐头他们也要嗤之以鼻。不是所有凤尾鱼都有资格叫烤子鱼的，因为只有到了每年初夏，雌鱼肚皮里有了一包霞起壮观的鱼子，懂经的主妇们买回来去鳞去头去肚肠，汏清爽沥干，油里汆一汆，火热滚烫，呱啦松脆。要是放进酱油里面浸一浸腌一腌，鱼子便会有一种复合古典的酱香，连骨头也是酥脆得可以吃掉，这碟烤子鱼，是最好的下酒菜。

《花样年华》里，这样暗通款曲般用食物表达季节的细节还有很多：蹄髈汤是冬天的，上海人冬至喜欢吃桂圆红枣蹄髈。什菜馄饨里的蔬菜是夏天的，据说限定在 6 月和 7 月之间，我有点疑心是夜开花。

潘迪华扮演的房东孙太太，是我最喜欢的角色之一。当苏丽珍去租房时，孙太太非常热情，原因只有一个——“大家上海人嘛”。这是在香港的上海人的真实心态。就像沈西城在《旧日香港上海人》所写的那样：

50 年代北角是小上海，里面住着我这样一个小毛头。387 号英皇道一幢四层高唐楼，一梯两伙，八个单位，几乎全是上海人。咱家六口，连两位女佣，住在三楼；隔邻萧姓人家，楼下施宅，三家人常往来，上海话讲得叽里呱啦响，每逢过节，三家齐集，喝茶、吃饭，打牙祭、搓麻雀，喧天闹地，不亦乐乎。上海人爱串门子、闲话家常，你来我往，闹个不停，热闹得教人烦厌。可现在想烦也不能了，邻里见面不相认，笑问客人侬是谁?人情冷，跟物质欲有关。以前物轻情义重，今日物重情意轻，套不到交情。既称小上海，当然不乏名人，早一辈有徐季良、王国梁、王志圣、萧三平、沈吉诚、包玉刚、董浩云……

在 John Powers 的《WKW: 王家卫的电影世界》中，导演告诉我们：“为了完全还原潘迪华饰演的那类上海人平时的饮食，还特地设计了一份食谱。因为上海人对食物很讲究——有些菜只有特定季节才能吃到。我设计的这份食谱是基于小时候对母亲做菜的回忆。因为菜肴本身要力求精确，设计菜谱之后，我就得找一个上海本地女子来烹调。”

这份菜谱里的菜没怎么出现在电影里，但确实很上海，泡饭配咸菜毛豆百叶的吃法会让所有上海人看得会心一笑。

除了潘迪华、钱似莺，《花样年华》里还有我特别喜欢的老上海演员，苏丽珍的上司何先生是雷震扮演的，他是电懋电影公司 20 世纪五六十年代的主要男演员。我非常吃雷震的长相，一直觉得他可以演文弱书生，却发现他本来的志向是当飞行员，结果因为心脏不好没能如愿。雷震先生长了一张看上去特别容易出轨的帅气面孔，然而私下却特别害羞，据说聚会的时候也喜欢“一个人坐在最角落”。雷震的妹妹是鼎鼎大名的乐蒂，自杀身亡；他谈过恋爱的林黛也是自杀身亡；合作了 8 部电影的女演员丁皓还是自杀；感觉他都快要有心理阴影了。

《花样年华》里，雷震虽然垂垂老矣，但身板依旧是俊朗的，所以金屋藏娇，倒也完全不生厌（此处吐槽现在那些不做身材管理一身爹味偏偏还要演和小女生谈恋爱的中年男演员们）。何先生要去天香楼和老婆一起庆祝生日，临出门时不忘换领带，换回老婆买的，这里领带是若隐若现的偷情密码，而天香楼，则暗示着何先生同样是在香港的上海人（或苏浙人）。

天香楼是杭州菜馆，在抗战时期就声名远扬，曾经把分店开到上海。1950 年，新中国成立后，天香楼收归国有，老板孟永泰则一路南下，在佐敦吴淞街重开天香楼。我问过一位当年天香楼的老饕，他讲天香楼最厉害，是每年有真阳澄湖大闸蟹供应，而且是香港一个供应大闸蟹的餐厅（是否如此有待方家考证）。天香楼不是一般工薪阶层可以吃得起的，所以十分符合何先生的人设。现在的天香楼已经搬到尖沙咀的一个僻静小巷子里，我 2007 年在香港上班，一日有朋友在天香楼请客，同事们都戏谑曰：“哇，你遇着富豪啦！”那晚吃了龙井虾仁、蟹粉拌面、烟熏黄鱼、雪菜焖笋，唯独腌笃鲜里吃出了小虫子，店家免了单，后来别人和我说，香港天香楼里的牌匾乃是当年从内地搬来的那块，题字人是张大千。

一碗云吞面

苏丽珍虽然讲广东话，却是一个不折不扣的上海人。

孙太太再三邀请她在家里吃饭，她却总是倔强地拎着她的绿色保温桶下楼，一身又一身绚烂的旗袍，是我少女时期对于精致女人的全部幻想，何止是我眼热，连潘迪华都有点不平，对着《明报》记者抱怨过一回：“我的看法是我作为包租婆，上海人挺爱炫耀，在家中亦会穿得花枝招展，但我的衫就不够靓，反而张曼玉只是个小文员，没理由有那么多旗袍。”（然而张叔平的回应是：“这些旗袍要做得更加花哨，我要的是一种俗气难耐的不漂亮，结果却人人说漂亮。”）

但我能懂得，那些旗袍是上海女人的战衣。爱面子的上海人在香港有许多“扎台型”的例子，前脚刚从亲戚处告贷碰壁而归，后脚却在北角与本地人为争上电车而吵架，一辆的士驶过，此君要用袋子里仅有的

10 块钱立刻叫车，“你爷有钱打的士”！一桌人出去吃饭，临了“劈硬柴”各付各账，南来香港的上海人即便大多拮据，但依旧要在桌子下面悄悄把散钱交给一个人——这点派头无论如何不能失掉的。潘迪华说，旧一辈的上海女人，出去见人，一定要“四四正正”——“respect 公共场合，就等如 respect 自己，久而久之便养成习惯。”

苏丽珍下楼买细蓉，一方面是为了遮掩丈夫时常不回家的落寞情绪，另一方面也是一种逃避的借口，为了在那个逼仄的空间里获得一点难得的自由——这一点，亦如 1955 年尖沙咀咖啡厅里的上海男人，为了不和人拼桌，买下四杯饮料，放在桌子四角。

影片中的云吞面，它实际的意义是作为一种借口。张曼玉每天晚上拿着饭盒出门，这在那个年代是很常见的。这个行为是一种逃避。在我童年时，出门给母亲的麻将局带一些小吃回来，对我而言就是一种逃避。

——王家卫，《WKW：王家卫的电影世界》

有趣的是，苏丽珍和周慕云在一起时，他们共享的食物，都不是海派的，比如被迫待在周慕云房间里的糯米鸡，酒店里的粥和饭菜，更不必讲那个一直装在绿色保温桶里的细蓉——云吞面。

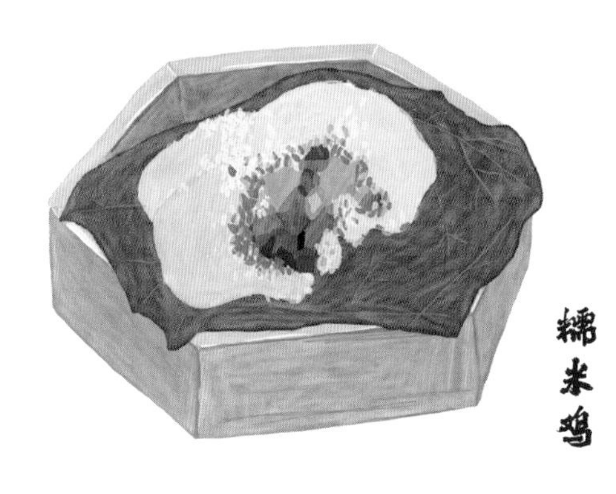

在还没有开始流行“出前一丁”的 60 年代，外出吃一碗细蓉是 种香港生活方式，也是一场集体回忆，而依靠这种“偶遇”，才有了周慕云和苏丽珍后来的故事。墨绿色保温桶也是 60 年代的见证，据说，那是香港市民尤其是工厂女工们最常用的容器之一，带饭盛汤捞面，当它在周慕云和苏丽珍被孙太太们困在房间的那场戏里出现时，我不得不感慨，它成了情感秘密的见证：

“怎会这样早？”
“反正没法子，不如先把面吃完再说。”
“我想他们坐一会儿就走。”
“加点汤吗？”
“要不要加点汤？”

现代观众们更关注的那场戏在金雀餐厅，不知道有多少人像我一样，跑到金雀点一块牛扒，如苏丽珍那样自不量力要一点黄色第戎芥末酱。金雀确实开在 1962 年，《花样年华》的年代。根据创始人官金带回忆，当时兰芳道仅有白雪仙开的“雪宫仙馆”餐厅，金雀的对面是一家叫银树的夜总会，股东们想吸引夜总会的客人，于是给餐厅起了个名字叫金雀，“金雀站在银树上”。为了刺激生意，金雀在 60 年代清一色男侍应生的背景下首请女招待，成功带起潮流，仅用 18 天就收回成本——当日接待我的却是一个男侍应生，他似乎见惯我这样的“朝圣者”，再三推荐他们的“2046”套餐，被我拒绝之后便气哼哼地走开，从此视我如空气。

但梁朝伟拿起的菜单并不是金雀的，而是另一家餐厅——新广南。新广南餐室开在旺角上海街，1946 年开业，做的是南洋风味，所以菜单是椰子树样式。我有位女朋友去吃过，点了海南鸡饭，倒很普通，据说猪扒不错。我搜了下，现在仍然开业，套餐不过 65 元，好评可抵食。

喝咖啡的绿色杯子是美国老牌玻璃品牌 Fire King 在 1946—1965 年间出产的“Jane Ray”系列咖啡杯，Fire King1942 年问世，是五六十年代的必备潮流单品。这样的咖啡杯，我也有一套，可惜是日本复刻版——1986 年，Fire King 破产，日本人收藏家井置仁重新研发了“Fire King Japan”版本。确实美貌，拿到手里，温润如玉。

可惜，即便这样，终究也只能遥想当年盛景。

二十年后的花样年华

《花样年华》源自 1997 年。

那一年，王家卫在巴黎宣传《春光乍泄》，与张曼玉共进晚餐。在《东邪西毒》之后他们就没再合作过，张曼玉刚拍完《迷离劫》，有一阵子没在香港工作了，想跟梁朝伟合作。王家卫说：“不如我们拍一系列小故事，你们俩扮演所有这些故事里的主角。”这部影片暂时命名为《美食的三段故事》。

在中环的一家 24 小时便利店拍了第一个故事。梁朝伟饰演便利店的店主，张曼玉是为情所困的失恋女郎，总在夜里光顾这家小店，独自吃蛋糕、喝酒，还曾遗落过钥匙，被梁朝伟捡到；一次她吃完，因疲惫而在

店里睡着了，寂寞之下，他走向她，彼此亲吻……

这段剧情大约直接催生了《蓝莓之夜》，但《花样年华》确实是一部关于食物的电影：云吞面、芝麻糊、糯米鸡……一段段隐秘的情感都在吃东西的细碎中渐渐呈现出来。

一晃，《花样年华》已经 20 年了。这 20 年里，有人背井离乡，有人扁舟远山，有人星夜赴考场，有人辞官归故里，相爱的人天各一方，疲倦的情侣强颜欢笑，一代代影迷如同朝圣者般前往金雀、天香楼和新广南，喝着罗宋汤，吃着牛扒，乐此不疲地坐在周慕云和苏丽珍坐过的卡座拍照的时候，我们在怀念什么呢？

那些消逝的过往，那些食物的滋味，是我们关于时间的记忆。在那份记忆里，烟雾缭绕，雾气氤氲，是我们想念的那个人。

如果我有一张船票，你会不会跟我走？

少女时代眼含热泪在荧幕那边喊：“快跟他走！”

20 年后，却沉默了。

饭勺简史

勺子有多大，胃口就有多大。

文 毛晨钰 | 插画 xrc

吃饭比天大，吃饭的家伙什自然也是每户人家最宝贝的家当。如果说，筷子的出现因为面条而变得合理，那么，当我们开始爱上吃米饭时，饭勺也就应运而生。

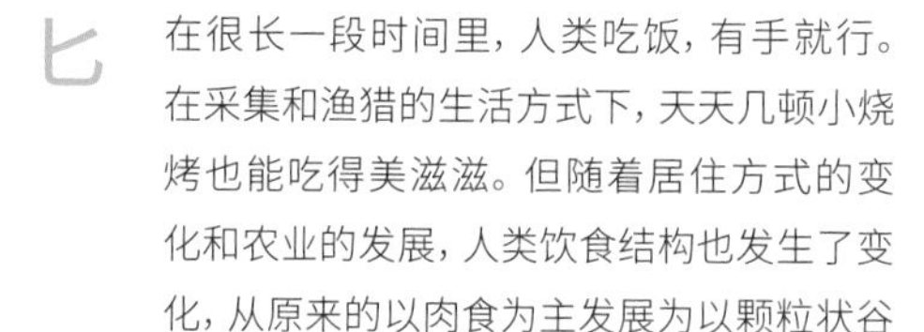

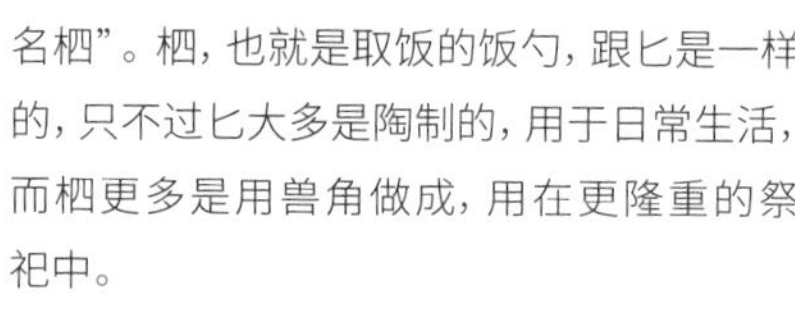

秦·彩绘云凤纹漆匕

匕

在很长一段时间里，人类吃饭，有手就行。在采集和渔猎的生活方式下，天天几顿小烧烤也能吃得美滋滋。但随着居住方式的变化和农业的发展，人类饮食结构也发生了变化，从原来的以肉食为主发展为以颗粒状谷物为主。

新石器时代，就出现了专门煮饭的炊具。这一时期，出现了专门蒸干饭的器具“陶甑”。谷物先煮到夹生，然后捞起来转移到陶甑上蒸熟。

用手捞当然不科学，于是就有了“匕”。《说文解字》中记载，“匕，亦所以用比取饭，一名柶”。柶，也就是取饭的饭勺，跟匕是一样的，只不过匕大多是陶制的，用于日常生活，而柶更多是用兽角做成，用在更隆重的祭祀中。

郭沫若曾在《金文余释之余》里解释，“匕之上端有枝者，乃以挂于鼎唇以防其坠”。可见，当时的设计就已经很注重巧思，自带挂钩，比较便利。不过，要想用匕大口吃饭，可能性不太大。根据记载，“匕”这种取食具长柄浅斗，更像我们现在说的汤匙。在陈初生编写的《金文常用字典》里，他认为匕是“形似勺而稍浅，首锐而薄，可以取饭，亦可叉肉”。

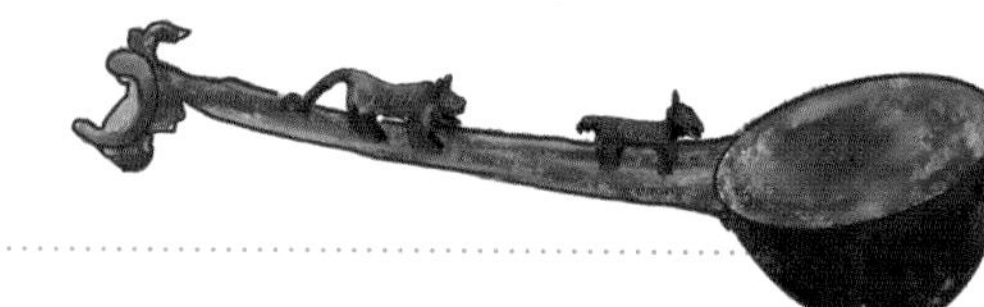

商·羊首勺

勺

陈初生提到的“勺”，在新石器时代也是有的。

当时出现了一种泥土陶制的炊具“鬲”。这种炊具可以分为有足和无足两种，有足的“鬲”跟三足鼎很类似，不同的是，“鬲”的足部和腹部是相通的，以便在加热时最大限度加快成熟。起初拿来烧水的“鬲”经过改良后，取消了足，变成无足鬲，就能拿来煮粥。

如果用扁平的匕来盛粥，显然是不合适的，所以就有了更深的“勺”。这就跟我们现在用的汤勺很类似了，长柄深斗。

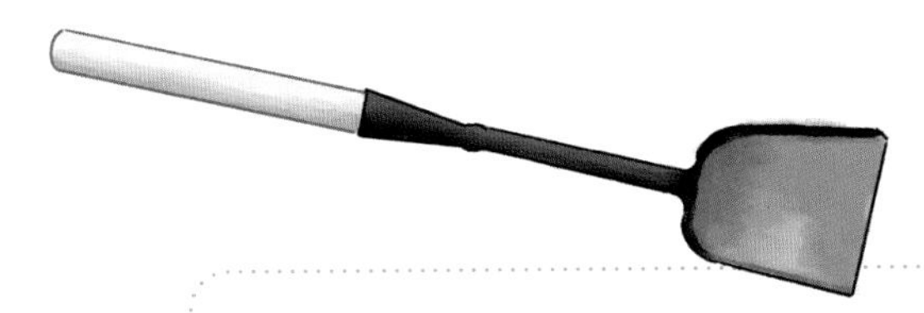

饭铲

匕和勺的形制基本在早期就已定型，只是在制作材质上随时代发生些变化，比如后来以铜铁制、陶瓷制等。

往后发展，随着家家户户有灶台，便有了大铁锅。对很多人来说，火塘铁锅煮米饭是香喷喷的童年回忆。这种铁锅通常大而深，一般的勺和匕都不便于拿来取饭，于是就有了铜制木柄的加长版饭铲。

饭铲通常更扁平，头部呈方形，手柄部分用木头制成，可以避免金属导热烫手，同时薄而硬的金属铲面也更容易把与锅壁粘连的那层铁锅米饭之精华——锅巴轻易刮下。

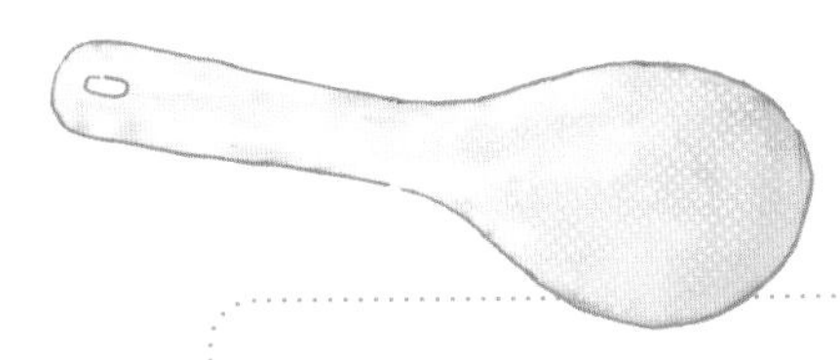

电饭锅铲

电饭锅的出现，解救了很多烧火塘时灰头土脸的孩子。

这种现代化的煮饭炊具最早出现在日本。20世纪 70 年代末，国家允许港澳等地区的海外居民回国探亲时携带一些小家电，于是电饭锅成了最好的伴手礼。借着一波波探亲热潮，日本的乐声、日立、声宝牌电饭锅最先进入广州家庭，然后迅速流行开来。那个时期，很多家庭都有一台"三角"牌商标的腰鼓形保温式自动电饭锅。

电饭锅的出现本就是为了适应更快节奏的生活，所以不仅要求煮饭便利，清洗起来也不能太麻烦，所以一般随锅配备的是白色塑料饭勺。这种饭勺长不过 20 厘米左右，成扁平状，只有浅浅的凹陷，饭勺前端可圆可方，但都会有凹凸点状，这是为了防止米粒粘在饭勺上，清洗起来也更加方便。

早些时候，对一些家庭来说，这种塑料饭勺算得上是消耗品，因为除了拿来盛饭，它们还要兼职煮汤时候的搅拌棒、炒菜时候的铲子。几多辛劳，会加速饭勺的老化，所以后来很多人家在塑料饭勺之外，还会额外再配备一柄木质饭勺。

中国人对米饭有着天然的依赖感。它们提供热量和温暖，是一个家庭的安全感所在，而有着数千年演变历史的饭勺，就是我们那只向米饭伸出的手。

如何练就煮饭神功
KUNGFU
煮一碗饭很简单，但也没有那么简单。

文 张婧蕊 | 插画 xrc

第一式：储存

掌握要点：密封、通风阴凉

煮出一锅好饭的前提是要有一碗好米。大米虽然不是娇气、容易变质的食物，但储存起来也是有一定的讲究的。储存环境的温度和湿度越高，大米蒸煮时的吸水率和膨胀率越低，煮出来的米饭口感也就越硬。所以家里米箱的位置应该首选在能够避免阳光直射、通风阴凉的地方。除此之外，拥有一个密封性好的米箱也很重要，不仅可以一定程度上保证大米的食用风味，还能防止生虫。

第二式：淘米

掌握要点：点到为止

掏、转、刨、捞……一百个人就有一百种淘米方法。但淘米的终极奥义不在手法，而在时间。天下武功唯快不破，淘米也是同理。大部分人在淘米的时候习惯反复多次，直到淘米水变得完全清澈，但其实大可不必，这样不仅会损失大米的原味，还会导致营养物质流失。推荐做法应该是冲洗两到三次，快速且充分地搅动大米，去除杂质和灰尘就可以了。

第三式：浸泡

掌握要点：30 到 40 分钟

很关键却又被很多人忽略的一步，上锅煮饭之前预留出 30 到 40 分钟，将大米浸泡在清水之中，米粒吸足水分之后在锅里才能糊化得更充分，煮出来的米饭颗粒才会饱满、入口更软糯。

招式讲解：

生米中的淀粉分子在吸饱水和加热之后就会开始变成糊状，大米由硬到软，从米到饭，这个过程叫作淀粉的糊化。

第四式：煮饭

掌握要点：米和水的比例

煮饭时要放多少水，其实没有最优解，完全取决于个人口味。喜欢硬饭就少放一点水；喜欢软饭就多放一点水，米和水的比例控制在 1:1 到 1:1.5 之间，超出或者少于这个比例就有可能出现夹生饭或者黏糊饭。活用身体部位，不用量杯也可以很好地掌握水量。

招式讲解：

① 一指禅：锅内米放平，手指放在米上，加水至一个指节处。

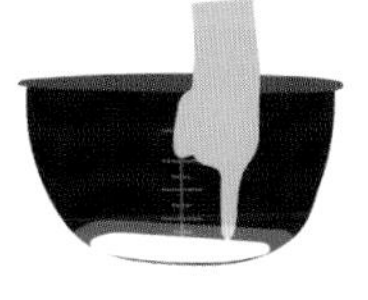

② 降米十八掌：锅内米放平，将手掌整个放在米上，加水没过手背一半。

第五式：焖饭

掌握要点：先别急着开盖

算是一招隐藏招式。揭盖之后涌出的水蒸气会带走锅内大部分的水分，此时盛出来的米饭口感会略微偏硬。所以在煮好饭之后可以先不着急开盖，让饭在锅里焖上 20 到 30 分钟，焖过之后的米粒重新吸饱了水分，软硬适中，口感更好。

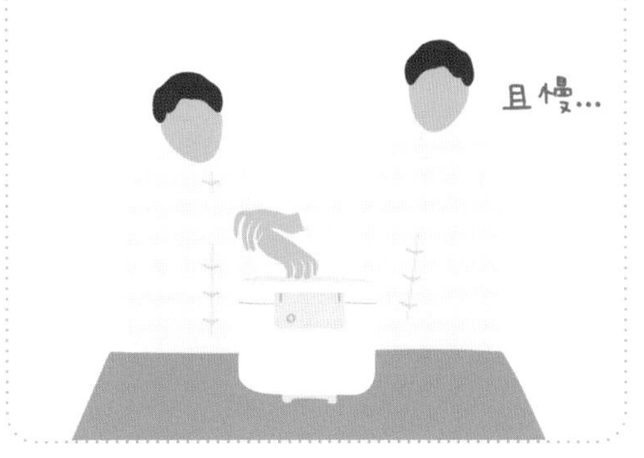

让米更好吃的 N 种方法

米饭远不止一味。

文 瑞拉 ｜ 插画 xrc

味淋

味淋是以米发酵并添加糖、盐等制作的日式料理酒，口感甘醇温和。烹煮米饭时加入少许味淋，不仅提鲜，还能有效防止米饭过于软烂，使每粒米都出落得晶莹饱满，同时酒精在加热蒸发之后更能激发米饭的清香，可谓是煮出一锅好饭的点睛之笔。

腊肠

广式腊肠甜鲜，湘味熏肠咸香，川味腊肠则麻辣。无论哪种风味，不变的是其中肥肉与瘦肉的精巧配比。煮米时将其一同切片平铺，煮好的米饭会因沾满腊肠渗出的油分而莹润透亮，热腾腾的肉香和米香再淋上点酱油，吃到嘴里的是一大口满足。

昆布

日本昆布其实算是海带同类，但品种和做法分得更细些，常用于制作日式高汤，煮饭时加几片昆布，米饭会变得香甜可口，还会散发出阵阵鲜味。

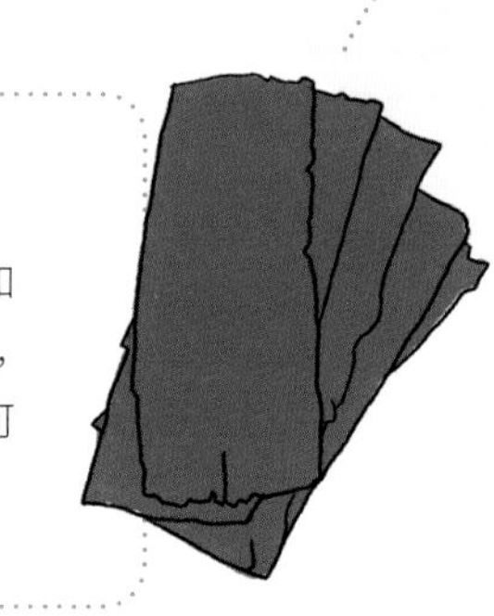

番茄

大番茄洗净去蒂，在顶部用刀划个十字，放在泡好的大米正中，一起煮熟后拿勺子从十字口把软熟的西红柿戳开与米饭拌匀，一碗酸甜可口的番茄饭就诞生了。想要更浓厚的口感，可以在放西红柿时加片芝士。

鸡汁

煮米的内胆里加个小蒸架，放入洗净后用盐和姜片抓匀的鸡腿（鸡腿肉质较嫩，可据喜好换成其他部位），启动电饭煲，鸡肉的香气被灌注进米里，灵魂在于浇上蒸出的鸡汁后那一拌，整碗米饭变得神采奕奕。

话梅

经过“十蒸九晒”的广东话梅，是生津止渴的一把好手，也集聚了基础调味中甜咸平衡的精华。煮制米饭前放入小小一颗话梅，通知“饭好了”的便是蒸汽中大米夹着梅子的香气了。几十分钟的融合让米粒恰到好处地吸收了甜酸，一至两杯米放一颗话梅刚好，多了会咸。

CHAPTER 3

好好吃饭

一切不下饭的菜 都是耍流氓

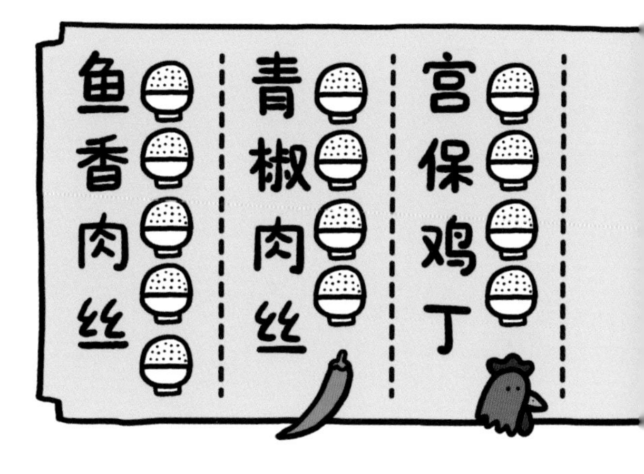

文 陈晓卿 | 插画 黄依婕

陈晓卿
纪录片制作者，美食专栏作家

1991年，15岁的柴静来到离家千里之外的湖南读大学。长沙的一切让她感到新奇，比如很多大叶子的植物、闷热潮湿的天气、听不懂的方言……到了晚饭时间，同宿舍的领她去食堂，路上，她觉得哪里不对，于是问："你们那么能吃吗？为什么需要两个饭盆？"同学和她一样感到疑惑："当然是两个啊，一个装菜，一个装饭啊。"这时候，小柴说了一句话，让所有人大吃一惊："饭菜为什么要分开装？"

很多年后，柴静跟大家回忆这段糗事，她认为自己"一瓶一钵足矣"的生活理念，事实上源于父母。柴姑娘从小生活在山西东南部的襄汾县城，家境尚可。然而十几年间，她吃到的所有被称作"饭"的东西，如面条、饸饹、拨鱼儿、剔尖儿及过年的饺子，无一例外都是装在一只饭碗里的，哪怕吃馒头烙饼，也是一人一碗汤菜。这种饭菜高度合体的饮食习惯，在朴素的北方其实比较常见。难怪有位南方朋友去西安后吐槽：谁说这里是美食天堂，主食天堂好不好？

主食，在中国人的食物清单上的位置，就像它的字面一样重要。农耕民族，有限的土地，不断增长的人口，让中国人对主食有与生俱来的亲切感。这也让中餐与西餐，无论在世界观还是方法论上都难以达成共识。西餐里，无论头盘、汤还是甜品，都是围绕主菜展开；而传统中餐无论什么菜，最后都要以碳水化合物压轴。家庭烹饪则更加势利，"下不下饭"甚至成了很多菜的评判标准。北方是这样，南方也差不多。

前面说到的那位"南方朋友"是个叫刘春的大V，刘铭传后裔，出生在安徽肥西刘老圩子，吃米饭，智商高，条理分明，每次开口必言"我讲三点"。我跟春总蹭过几顿饭，发现了一个规律：无论多高大上的筵席，无论喝酒与否，最后他都要用一碗米饭给饭局画上句号。米饭的吃法也非常一致，舀几勺台面上的残羹，浇在米饭上，大快朵颐。

我提醒春总，"作为一名实现了财务自由的高端人士，这种吃法是否得体"时，他正色道："关于菜汤拌米饭

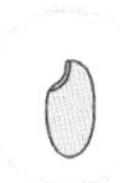

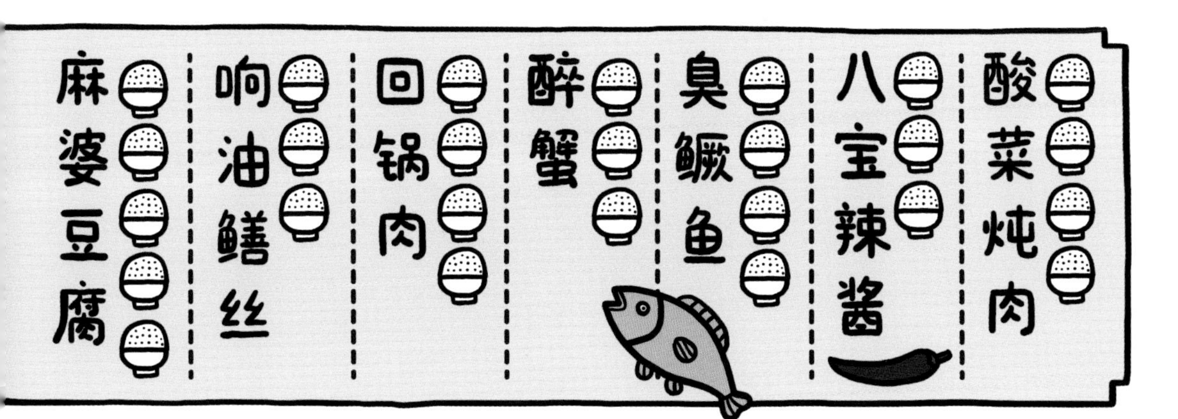

这件事，我讲三点。第一，主食崇拜和祖先崇拜一样，是中华民族的传统；第二，只有小麦和水稻才配叫主食，其他只配叫歧视性的名称——杂粮；第三，孔子云，菜汤拌饭，鼎锅刮烂，可见其美味。最后总结下观点：一切不能拌饭的菜，都是耍流氓。”

果然大V，几个概念就把我轰倒在地。不就是剩菜汤拌米饭吗？让春总一说，怎么听起来有“饭菜与共，肝胆相照”的感觉呢？

说到底，汤泡饭和猪油拌饭、鱼汤泡饼一样，最初动机是因为节俭，美味只是它的副产品。我们这一代的父辈，认为只有主食吃饱，才不会影响孩子发育。为了让我们顺利吃下主食，他们绞尽脑汁，用菜汤、用猪油、用咸菜……比如春总的老家，最最高级的菜名字就叫“肥西老母鸡”，他们顽固地认为这种鸡汤最适合佐米饭。今天的徽菜馆子里，肥西老母鸡汤从来不是单独登场的，它仍保留着佐饭的遗迹，只不过标配置换成了炒米。

炒米配鸡汤并不是肥西人的发明，而是长江边安庆人的年俗。一个故事可以说明安庆人有多么爱炒米：经典黄梅小戏《打猪草》，严凤英的代表作，最早版本是这样，小媳妇偷了隔壁家的笋子，被主人家的丑男撞见，几番争执后，媳妇不得已，半推半就让丑邻居“啪啪啪”吃了豆腐。

改朝换代，原来戏的内容便成了封建糟粕。无奈“郎对花姐对花，一对对到塘埂下”的曲调过于深入人心，剧院决定要对它进行“戏改”，严凤英和男友王兆乾动了很多脑子，把偷笋改成打草碰断笋子，男女主角换成了童男和少女，结尾也就顺理成章地取消了原有儿童不宜的环节，代之以设计对白：“小毛（男主角），到我家杀鸡做粑给你吃。”大家纷纷叫好，只有严凤英一人不同意。经过深思熟虑，戏词被她慎重地改成这样：“到我家，打三个鸡蛋，泡一碗炒米给你吃。”

炒米，居然可以无差别替代男女之欢，可见安庆人对它的热爱。炒米用的是上等糯米，浸软后沥干，锅里加香油少许，糯米用竹筲来回拌炒，出来的炒米表皮皲裂，通体金黄，香气扑鼻。安庆人说，三个炆蛋一碗炒米，吃了走起。炆蛋可以置换成鸡汤或者红糖水，但炒米是雷打不动的。这正是传统农业社会的后遗症，所谓“手中有粮，心中不慌”。

鱼香肉丝
是天下第一下饭神器吗？

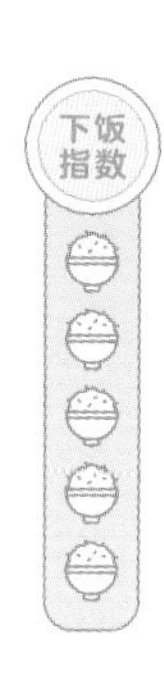

为了找到这个问题的答案，我们做了 3 个实验。

文 拳王 ┆ 摄影 鲁忠泽 ┆ 图片 图虫创意

拳王

原名李淳，毕业于利物浦大学，金融工作者，业余拳击手，青年作家。被网友称为拳技精湛、厨艺传神、文采风流的严肃料理作家。

四川人对鱼香肉丝是有情结的，从小我们就对一个话题津津乐道，鱼香肉丝里究竟有没有鱼？如果没有鱼或鱼制品，那所谓的鱼香味从何而来？其实这个问题很好回答，鱼香肉丝之所以被称作鱼香，并非里面加了鱼，而是因为川菜的经典做法里，做鱼也是这个味道。换句话说，厨师把烧鱼的方子用来炒肉丝，炒出来自然就有鱼味啦。

就好比你以为自己喜欢他是因为他爱穿白衬衣，当他离开后，有那么多穿白衬衣的少年都无法再让你动心，你开始怀疑是他们的白衬衣质量有问题。其实你不知道，你喜欢的不是他的白衬衣，而是他长得帅，在这个事物关系里面，白衬衣是肉，“帅”才是鱼香，而你和吃鱼香肉丝的人一样不自知，还以为自己爱的是肉。原来人们深爱的并不是猪肉，而是那一抹香醇和酸辣。

好了，又回到川菜重调料不重食材的老命题了，在此不作争执，只列举一个事实：在人均饭量最大的论坛“虎扑”的下饭菜评选里，鱼香肉丝多次蝉联第一。严谨的我用爬虫程序爬取了该论坛从 2015 年以来的下饭菜投票帖，58% 的投票中，鱼香肉丝都排名第一。看来大家都喜欢用调料下饭嘛。

讲到鱼香肉丝是下饭神器，我不禁想到了电视剧《电影厂的招待所》里谢园老师扮演的电影编剧，他被电影厂拖欠了两年工资，一直住在电影厂的招待所里。好不容易发了工资，他第一件事就是下馆子连吃三盘鱼香肉丝。

饥饿不会说谎。

真的是这样吗？电视剧毕竟是艺术创作，论坛投票要是靠谱，还要人大干吗？于是工科生出身的我，决定设计几个对比实验来进行终极验证：鱼香肉丝是否全天下最下饭的中餐？

工科生的三个实验

我选取了鱼香肉丝、牛腩煲、番茄炒蛋、九转大肠、麻婆豆腐、红烧茄子、酸辣土豆丝等 7 道经典下饭菜，有荤有素有碳水，各大菜系雨露均沾。我找了 7 个志愿者，他们都是大学生，处于人生中食欲最旺盛、体格最强健的阶段。第一个实验是模拟忍饥挨饿的状态，我让志愿者们连续一周只吃蛋白粉、葡萄糖和复合维生素，人均体重下降了 3.5 公斤，大家个个面带菜色、步履蹒跚。这时把 7 道菜一字排开，并且安排食之不尽的米饭，一人一菜，公正公开。志愿者们沉默而狰狞地吞咽着，我不得不多次出手控制他们的进食速度，免

得噎着或呛进气管。最后的结果是吃鱼香肉丝的志愿者吃下了最多的米饭，足足有 12 碗。他事后拍着肚皮总结，自己也不知道怎的，就是有一种一往无前的感觉，明明已经饿得意识模糊了，但鱼香肉丝的气息就像旗帜和启明星，指引着他前进。

“启明星有气味吗？”我问他。
“鱼香味的。”他说。
“你怎么知道是鱼香味的？”
“因为我刚闻到了启明星。”
“你这是循环论证。”
“Whatever。”

无论如何，第一个实验已经有力地证明了鱼香肉丝的下饭能力，第二、第三个实验则模拟人在食欲不足的情况下，考察鱼香肉丝是否还有那么大的吸引力。

第二个实验，我让志愿者模拟吃断头饭。断头饭是古今中外保障死刑犯人权的一种通用方式，在死刑前给犯人吃上一顿可以任意点菜的饱饭，甚至可以有烟酒，基本上除了不能把他放了，其他要求都可以满足。在这个实验里，我请来国内首屈一指的催眠师，让他把志愿者们催眠，令其在潜意识里认为自己要被枪毙了。这次我设计为开放式实验，让他们自己选择断头饭的菜式，有 4 个志愿者都选了鱼香肉丝搭配米饭，有 1 个选了小龙虾，有 1 个最贪心，选了自助餐，还有 1 个什么都不选，我以为他很有骨气，不吃虚伪的执法者这一套，结果他表示，按照程序正义，我不吃断头饭，就一直不会被执行死刑。

当然这里我们不讨论法制问题，这毕竟是一篇美食文章。结果自然是鱼香肉丝再次胜出，过半的“死刑犯”志愿者都选择了它。我曾看过狱警描述，死刑犯通常在死前是吃不下东西的，他们的断头饭更像是一种仪式，让自己在黄泉路上不至于做饿死鬼。饶是如此，大多数人仍然选择了鱼香肉丝，这是一种伟大的信任，能把自己在另一个世界的命运托付给鱼香肉丝：鱼香肉丝不会让我做饿死鬼。

第三个实验是宿醉后的第一餐。众所周知，宿醉后醒来不会有任何食欲，虽然胃里空空如也，血糖也低，但宿醉带来的头晕、脱水和胃部不适，让人通常除了喝水什么都不想吃。

实验过程和第一个实验如出一辙，7 道下饭菜和足量米饭一字排开，宿醉后的志愿者们不情不愿地吃了起来，一开始完全是为了完成任务。但部分志愿者越吃越精神，吃得腰背挺直、大汗淋漓，浑不似方才的扑街模样。

实验结果是鱼香肉丝险胜，吃鱼香肉丝的志愿者吃下了 3 碗米饭，很明显，宿醉会抑制食欲，这哪怕神仙来了都救不了，但鱼香肉丝能一定程度令食欲恢复。

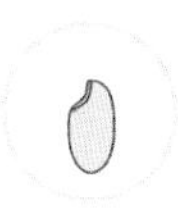

鱼香肉丝里究竟有没有鱼?

以上就是我一开始设定的全部三个实验，到现在，我已经初步得出研究结论，鱼香肉丝如此下饭，是因为内含催化食欲的物质。那么这物质究竟是什么呢?我们来看看鱼香肉丝的主要成分：

主料： 猪里脊

辅料： 青笋、胡萝卜、水发黑木耳

调料： ① 盐、鸡精、味精、白糖、陈醋（糖醋 1:1）、生抽、老抽、鲜汤（水）、水淀粉（兑成碗汁）
② 泡红辣椒（剁茸）、姜米、蒜米、鱼眼葱

我完全可以采用控制变量法，挨个去掉各种成分吃一遍，去掉哪种后变得最无感，哪种成分就是鱼香肉丝的精华。但我不想如此折腾，因为我敢保证，泡辣椒就是刺激食欲的关键所在。众所周知，辣椒里的辣椒素能够刺激内啡肽分泌，从而产生愉悦感，这就是食欲增加的由来。同时，泡辣椒的酸味还能刺激唾液和胃液分泌，这样一来，双管齐下，人的食欲自然激增。

原来鱼香之外，真正的法宝是泡椒!

但我始终有一事不明，据百科记载，鱼香肉丝的发明者竟然是蒋介石。我查考了很多史料，原来这源于老蒋在 20 世纪 40 年代搞新生活运动，欲带头戒荤腥，遂让厨师长发明一道既下饭、吃起来像肉但又没有肉的菜，以便在政府官员中推而广之。厨师长知道委员长爱吃鱼，于是尝试用烧鱼的方法烧素菜，一开始做鱼香茄子（由此可见，鱼香茄子也是蒋委员长发明的），蒋委员长不满意，嫌不够肉。厨师长苦苦思索，心想这世上最像肉的东西就是素鸡了，当即用作烧鱼的调料做了一道鱼香素肉，大获委员长好评。据说当天委员长吃下了 6 碗饭，饭后写了 3000 字的日记。日记里除了划分南海海岸线外，还给这道菜正式命名为“鱼香肉丝”。所以，我们对老蒋发明鱼香肉丝这个历史命题的认知，其实来自老蒋的日记。

大家也知道，委员长的日记有一些艺术夸大成分，所以严谨如我，决定不依不饶地继续考证，继而发现在民间有两则关于此事的野史。一则是说委员长之所以觉得鱼香素肉好吃，是因为厨师长其实用的是真肉，即猪里脊，却骗委员长说这是豆制品。厨师长可谓苦心孤诣。

怪不得那么下饭，原来这是真鱼香肉丝，而不是以素充荤的伪肉。但问题来了，虽然跟咱吃的没啥区别，但那毕竟是委员长，而不是咱们这些真有“下饭”需求的升斗小民，他平时吃御厨精烹细调的菜吃惯了，哪会有抱着大桶米饭狼吞虎咽的时候?

所以我对第一则野史一直持怀疑态度，直到听闻第二则。说委员长吃的鱼香肉丝，除了用猪肉代替素鸡，更关键的一点是：“鱼香”的调料是用真鱼调出来的!厨师长先做了一道家常红烧鱼，将鱼去掉，只保留汤汁，然后再用大火爆炒出一盘木耳莴笋猪肉丝，最后将勾芡后的鱼汁浇上去。这才是鱼香肉丝的真正奥义，不像后世的我们得靠泡辣椒刺激味蕾，大落下乘。

我傻眼了，这是哪门子新生活运动啊，挂个米其林二星都够了。但这无懈可击的逻辑又不由得我不信，唯有如此大巧若拙又金玉其中的美食，才能让委员长化身饭桶。当然，委员长蒙在鼓里不知鱼肉，还以为是符合新生活运动的下饭素食，所以通告全党将此菜发扬光大，并起名鱼香肉丝，鼓励大家把它当荤菜吃。

数十年过去，我们的生活水平和彼时不可同日而语，新生活运动早已成为故朝旧史，鱼香肉丝也迎回了它的本来面目，猪里脊在泡辣椒的点缀下熠熠生辉，可谓菜得其名，是荤菜!但这名终究只得了一半，毕竟我们固执地认为，鱼香肉丝里是没有鱼的。

直到现在，这个问题终于迎刃而解，鱼香肉丝里真是有鱼的，在那些烽火连天的日子里。

将青椒肉丝作为人生座右铭

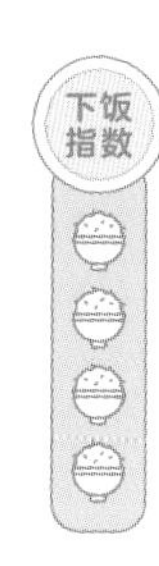

18 岁那年，在学校后门扒拉着青椒肉丝盖浇饭的时候，我就意识到了，这可能会是贯穿我一生的菜肴。

文 项斯微 | 摄影 鲁忠泽

项斯微

青年作家，文学编辑，在上海的成都人。出版作品有《浪掷少女》《不许时光倒流》《男友告急》。

青椒肉丝过山车

在离开家乡之前，我没怎么吃过盖浇饭。无论是在家或者出去吃，那都是三菜一汤打底，即便是吃了无数次的青椒肉丝，我也是主吃肉丝次吃青椒，没有什么机会用炒菜的汤汁拌着饭将自己喂饱。

仅仅只有一个菜搭配米饭的盖浇饭，无论看上去还是吃起来，都穷得慌，我怎么能让自己落到那副田地?没想到，我很快就落到了青椒肉丝盖浇饭的魔爪之中。

学校后门那家餐厅的厨子貌似是个西北人，他们一整家饭店从收银到端盘子的估计都是西北来的，来上海多年已经磨掉了他灵魂里的大风歌。他做的盖浇饭，软绵绵湿嗒嗒，无论番茄炒蛋还是青椒肉丝，都勾上了厚厚的一层芡，裹住米饭，像是上海的梅雨季，使我一身黏腻。

我望着请我吃这青椒肉丝盖浇饭的同样也是十八岁的男孩儿，一边扒拉饭，一边欢喜得很。那时我妈妈每月给我寄挺多零花钱。“毕竟是上海。”她这么说。我把钱用来染头发，去商城买衣服，去地摊买碟片，买香酥鸡柳，想吃正经饭时，口袋里已经所剩无几。多年以后，我在《女性贫困》里看到描述日本贫困女青年时有这样一句话：“她们中的大多数尽管经济拮据，但在服装和发型上却颇下功夫，因此乍看上去跟普通女性没什么两样，完全想象不出她们生活贫困。”换成现在我可不会再这样干，现在的我做 39 元的美甲（对，我们大上海的物价是个谜），一顿晚饭却可能会花出去十倍的价钱。

但青椒肉丝仍然是我每周都要吃一次的家常菜，无论是作为盖浇饭的浇头，还是单独搭配着米饭出场，我都能吃个十二分饱。只要你能忍受青椒的那种时不时挑衅你一下的辣味，它就是最佳的下饭菜，吃的过程如过山车般过瘾。这一口，辣，下一口，不辣，再下一口……永远也说不准。少女时代的我专挑又尖又硬的青椒尖儿下手，青椒尖儿往往还有一丝生脆，混合着香喷喷、油爆爆的猪肉丝及软绵绵的米饭，过瘾。

虽然青椒肉丝早已经走入大江南北，甚至远赴日本和欧美，但它毕竟是我的家乡菜，远比火锅串串香更令我上头。很多年以后，我的作家朋友老王子和我分享了他在上海保持身材的秘诀，那就是，不要去管水土服不服的问题，无论身在哪里，你就坚持吃家乡菜，吃家乡菜是不会胖的。

这显然不是一个科学结论。但是生活中，我们要那么多科学干什么?我们有时候需要的，不过是一个借口：“来大姨妈的时候怎么吃都不会胖”“吃青椒肉丝可以解乡愁”。

青椒肉丝
チンジャオロース

词曲 / 原唱：福原希己江

有一天遇到了一个大大的中华锅
现在没有它的话很多菜做不了
那就是你和我都很喜欢的菜
名字是青椒肉丝
料理方法非常简单
蔬菜和肉用大火猛炒
放入青椒、红辣椒、竹笋和牛肉
最后加点爱的调味料
马上就要出锅了
放入青椒、红辣椒、竹笋和牛肉
炒一炒就要出锅了！青椒肉丝

有一天遇到了一个大大的中华锅
大到连海岛都要苦恼的程度
但现在如果没有这个锅就有做不了的菜
那就是青椒肉丝
今天辛苦了
做了你最喜欢的菜
放入青椒、红辣椒、竹笋和牛肉，
还有色彩缤纷的蔬菜营养满分
放入青椒、红辣椒、竹笋和牛肉
最后加点爱的调味料
出锅了哟！青椒肉丝

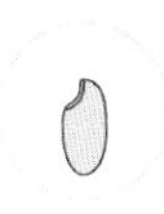

我们自我欺骗，不过就是为了毫无愧疚地吃下我们心爱的食物，指望着一盘青椒肉丝就能一扫我们生活中的阴霾。

但有时候，它就是能做得到。

把自己活得像一根青椒

越是深入青椒肉丝，我越是搞不清楚它的起源。我喜欢吃青椒肉丝的原始版本，这个版本显然也被经济学家郎咸平认证。在他从青椒肉丝看世界经济的文章里，他就默认了猪肉、青椒和食用油搭配出来的青椒肉丝，并认为华尔街从根本上控制着我们吃青椒肉丝的成本。

但世界各地的人们显然都有自己的 style。我爸有时候会用那种尖利的尖椒代替普通的肉青椒，我在西北餐厅吃青椒牛肉丝，也在南京吃过青椒肉丝里加榨菜、毛豆甚至豆干的。日本人的青椒肉丝里，还会有竹笋。他们把青椒肉丝画进漫画里，用它来揭示人生的道理，甚至还给青椒肉丝写过歌！

在《深夜食堂》福原希己江的那首歌里，青椒肉丝是用彩椒做的，主料还包含竹笋和牛肉，再加上名为“爱的调味料”。不过，爱这东西，加在哪个菜里都很好吃，算是一门通用作料，家乡菜、家常菜里，都少不了爱，也就不稀奇了。我只是对彩椒版的青椒肉丝不太吃得消，少了一丝倔强，多了一份暖意的彩椒肉丝，没了起伏，状如我们平淡的生活。像青椒那样，多有劲儿啊。于是我决定，把自己活得像一根青椒似的，不吃完整盘，你猜不到结局。

但青椒肉丝也有不起作用的时候。

有一阵因为精神上的困境，我短暂地抑郁过，胃部莫名其妙地疼，胃酸一阵阵往回返。我疑心自己要死了，但是也不怎么怕。我就夹在生死之间。我是怎么确定我抑郁的呢，那就是有一份青椒肉丝摆在我面前，我也不想动筷子。那份青椒肉丝炒得相当得好，锅气十足。我曾经劝过一个得了抑郁症的朋友：“你想想这世界上还有那么多好吃的，你看看外面的阳光。”我那时候才知道，这个劝慰有多么愚蠢。那得是多阳光的人才能说出的蠢话啊。抑郁，原来就是一种对世间万物都不感兴趣的状态。管你是青椒肉丝还是法国大餐，我统统不想吃，管你是王建国还是易烊千玺，我也不想吻了。我丧失了我们四川人非要用三种辣椒混合出辣椒面的怨念，也不再执着于分辨青椒、甜椒、杭椒、薄皮辣椒的区别，我就是单纯得丧失了我的胃口，并且，不无遗憾地发现，好像我也没有变瘦。

自我治愈的过程是漫长的。我读书，我写字，我看剧，我恋爱，努力把头扎进生活中。我重看伊丽莎白·吉尔伯特的《美食，祈祷，恋爱》，看她去世界各地旅行，用意大利面填补心灵的创伤，毫无愧疚地买下更大号的牛仔裤。在我的情况和世界的情况都好了一点的时候，我飞回了成都，在老家和父母待在一起。

身为上一辈直男，爸爸显然没有看出我的问题，他只是问我想吃什么菜。“回锅肉吃吗？”“水煮肉片吃不吃？”“一会儿我去买只缠丝兔回来。”

面对这么多选择，我淡然地说：“就来个青椒肉丝吧，再炒个藤藤菜，煮个冬瓜肉片汤。”我流露出了一丝人到中年的淡然，三菜一汤也骤减一个菜。

我爸对我千里迢迢回家点的第一份菜单有些失望，以为我想减肥明志，却也很快弄出了两菜一汤，配一碗冒尖尖的白米饭。我吃第一口青椒，就发现它和我想象中的味道有些不一样了，我们四川的青椒还真是辣啊，比我平时在上海吃的辣多了。我怎么都忘了不管是辣椒头还是辣椒尾，共饮府南河水，都是那么辣。那一刻我才明白，这段时间以来，我吃辣的本事退化得厉害，我以为的青椒不是青椒，它早已在记忆中变形。

我爸看我辣得咂嘴，小心翼翼地说：“要么，下次用甜椒给你炒？”

“我不！”那一刻，我燃起了熊熊的斗志。那一刻，我又年轻了。

宫保鸡丁，入京川菜第一勇士

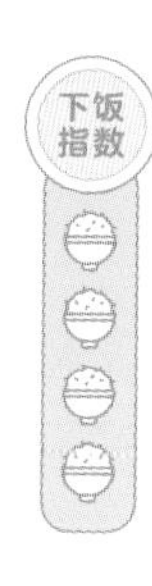

你以为你吃的宫保鸡丁，是真的宫保鸡丁？

文 令狐小 ┆ 摄影 鲁忠泽

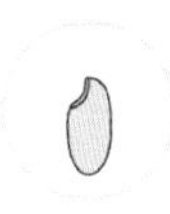

1950 年，37 岁的川人伍钰盛从香港来到北京。

到了北京他才知道，他是被周恩来总理亲自点名的。5 年前，国共双方在重庆谈判，担任宴会主厨的伍钰盛给周恩来留下了深刻的印象，当时伍钰盛所在的白玫瑰酒家，是重庆战时最知名的饭庄，马歇尔将军、飞虎队队长陈纳德等人都曾是他的座上客。

周恩来希望伍钰盛能来北京，筹备一家川菜馆，也就是现在京城赫赫有名的峨嵋酒家。

那时的北京，既有东兴楼、同和居、丰泽园这样以秘传宫廷菜闻名的大馆子，适合酒桌筵席；也有复顺斋、都一处、天承居那样的小铺子，卖着酱牛肉、炸三角、疙瘩汤一类的小吃，最宜数人小酌。

唱戏的走江湖，讲究的是打头炮，要出名，必须要有代表作，开饭馆也一样。要在北京这个洋洋大观的饮食世界里，为川菜闯出一片天地，必须要有一道一鸣惊人的头牌菜，在第一口就足以震慑和俘虏众生。

伍钰盛的头牌菜，就是宫保鸡丁。

伍钰盛的宫保鸡丁，和传统川味相比，有一些改良：一为“剞花刀蓑字条”，他把方形鸡丁改切成梭子形，让鸡丁的接触面广，更容易入味。二为“散油吐籽法”，即滑炒鸡丁前薄浆吃透上匀，最后勾芡之后用小翻颠（小幅度高频颠炒），使爆汁均匀，盛盘后鸡丁、葱段、花生米粒粒分明，只见红油不见出汁。

峨嵋派宫保鸡丁的走红，靠的是一位忠实的粉丝——京剧大师梅兰芳。梅先生素来喜欢清淡饮食，能迷恋上峨嵋酒家的宫保鸡丁，实在是一件奇事。每当梅先生在长安大戏院有演出，就一定会去峨嵋酒家，指明要伍师傅做的宫保鸡丁。兴尽而去，临走还不忘买一份盒装带走。有段时间餐馆易址，梅先生竟追随而去，就为了一口宫保鸡丁。伍师傅担心桌椅简陋，门脸也不够气派，觉得梅先生来吃饭，有点对不住名角儿，大师温言：“我是来吃菜的，不是来吃桌子板凳的。”

现在，“峨嵋酒家”4 个字，就出自梅兰芳之手。

同样被宫保鸡丁折服的还有著名画家齐白石（为峨嵋酒家画了一幅大虾），国家副主席张澜盛赞其为“状元菜”。一时间，峨嵋派宫保鸡丁声名大噪，俘虏了京城众生。毫不夸张地说，宫保鸡丁是川菜进京史上的一个里程碑。

让伍钰盛没有想到的是，宫保鸡丁甚至走出了峨嵋酒家，走出了川菜。现在北京城内的川菜馆、鲁菜馆、北京菜馆，甚至饺子馆，几乎每一家家常饭馆，都能找到宫保鸡丁的踪迹。

这是好事，也不是好事。因为至此宫保鸡丁开始走上了一条妖魔化的不归路。

请选出
你的正确答案

☐ 宫爆 or ☐ 宫保

☐ 鸡腿肉 or ☐ 鸡胸肉

☐ 坚果 or ☐ 黄瓜

☐ 酸甜 or ☐ 麻辣

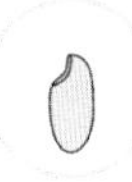

☒ 宫爆 or ☑ 宫保

如果看到餐牌上写着“宫爆鸡丁”，那千万不要点了，说明这家餐馆的人，根本不明白宫保鸡丁的内涵。事实上，“宫保”来源于宫保鸡丁的发明人——光绪时期的太子少保丁宝桢，“宫保”的名称是他的官衔。

民间以其官衔入菜名，是为了纪念这位衣食父母的政绩卓著与深得民心。这个杜撰而来的“宫爆鸡丁”绝对是个赤裸裸的误传。

☑ 鸡腿肉 or ☒ 鸡胸肉

虽然宫保鸡丁的主料有鸡胸派和鸡腿派之分。但包括峨嵋酒家在内的大多数川派宫保鸡丁都是鸡腿派。原因很简单，因为嫩啊！一定要选择皮薄有弹性的嫩公鸡腿肉，连皮切丁才够鲜嫩肥美。

北京的不少餐厅用鸡胸不用鸡腿，大多是怕鸡腿肉有筋膜，对刀工要求高，改用鸡胸肉，以求色面整齐好看。殊不知这样做出的宫保鸡丁入口带渣且难入味。

☑ 坚果 or ☒ 黄瓜

宫保鸡丁的配料，唯一确定的大概只有鸡丁。然而，在北京，我们常见的宫保鸡丁多是加的黄瓜丁和胡萝卜丁，也有加入青椒、彩椒和柠檬的。还有一些自称革新改良派者加入番茄酱，洒青葱提色，模样好似一碗花花绿绿的沙拉。

在传统川派宫保鸡丁心里，花生米去皮过油，与鸡丁放在一起，形状上一方形一椭圆，香味上一清新一浓郁，口感上一酥脆一软糯，这才是绝配。峨嵋酒家推出的精品版宫保鸡丁，加的是腰果和杏仁，但毋庸置疑，宫保鸡丁的辅料，肯定是要加坚果的。

☒ 酸甜 or ☒ 麻辣

川菜号称一菜一格、百菜百味，以丰富多变的味道见长。正宗的宫保鸡丁的味道属于川菜24种复合型口味中的“糊辣荔枝味”——入口瞬间是荔枝般的酸甜，接着慢慢变成醇厚的咸鲜，最后的余味涌上一股若有若无的麻辣。

这种味道最考验调料，也就是宫保汁的调配。好的宫保汁，需要厨师把厨房当作实验室，以科学的严谨态度一克一克地调配，一点一点地品尝。这其中可能需要数十种配料以及数百次试验，多出一分少了一厘，对口感的影响都是致命的。

现在不少餐厅为了省事，不下功夫去琢磨菜品的味道，以为川菜就是一个劲地用花椒和辣椒炝锅，或者加一勺番茄酱增添酸甜口感，这些都过于简单粗暴。没有经历厨房试验的血泪史，哪能做出五味迭出、仿佛起伏人生一般口感丰富的宫保鸡丁呢？

所以啊，要想在北京吃到正宗的宫保鸡丁，还得去当初把它带到北京的峨嵋酒家。

麻婆豆腐，只为米饭而存在

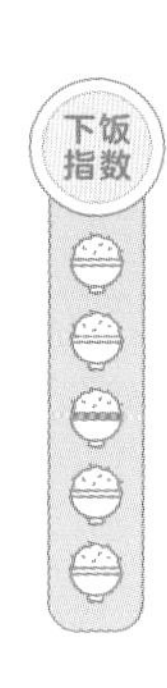

如何评判一家川菜馆子的功力？

且看它熬红油的本事。如何看它熬红油的功夫？一道麻婆豆腐足矣。

文 毛晨钰 ¦ 摄影 鲁忠泽 ¦ 图片 图虫创意

麻婆豆腐的今生与前世

说起川菜，无论大江南北、国内海外，人们头一个想到的大抵会是那道泛着一汪红油、白嫩豆腐微微颤动的麻婆豆腐。作为制霸全球餐桌的川菜代表，麻婆豆腐以弱柳扶风之姿承担起了“中国料理”的招牌。

有人要吃饭的地方，总会有麻婆豆腐。全世界人民最大的乐趣莫过于脑袋与肠胃齐齐运转，一通魔改麻婆豆腐。比如在美国，人们用料理本命番茄酱配合豆瓣酱做甜心版麻婆豆腐；在粗犷而热烈的意大利，万物皆可配意面，麻婆豆腐拌面的魅力不逊肉酱；卷饼可以盛住一切的墨西哥，麻婆豆腐也能在其间找到一席之地……而在爱它就得把它吃个透的日本，麻婆豆腐更是国民中国料理，炸面包、三明治、比萨，甚至在菠萝饭里都可以看到它的身影。

在样样都讲究传统、正宗、地道的“原教旨主义者”看来，屡屡被“打扮”的麻婆豆腐让人更想寻找到它的真实面貌。

“拨开层层花椒、青蒜和红油，首先会看到一张女人的脸，上面还有几颗麻子。”

目前能找到的关于麻婆豆腐的最早记录来自傅崇矩在 1909 年出版的《成都通览》。这可以说是早年成都的“米其林指南”，里面收录了 1328 种川味菜肴，盘点了当时成都顶顶出名的包席馆，也就是高档菜馆，也有更亲民的食品店，其中就提到了“陈麻婆之豆腐”。不过傅崇矩没有展开讲，寥寥几字，一笔带过。

陈麻婆其人，是成都北郊万福桥“陈兴盛饭铺”的老板娘。这家饭馆创办于清朝同治年间，掌柜的叫陈富春，陈麻婆就是他的妻子，本姓刘。

饭铺往来，有不少是挑夫，他们时常南来北往挑油，行到此处，饥肠辘辘，就自己买点牛肉末，从油篓里刮出点菜油，请刘氏跟豆腐一起煮了。

贵州人周询 1936 年在《芙蓉话旧录》里就记录了当时这种食客自己买菜下馆子的场景：“北门外有陈麻婆者，善治豆腐，连调和物料及烹饪工资一并加入豆腐价内，每碗售钱八文，兼售酒饭，若须加猪肉、牛肉，则或食客自携以往，或代客往割，均可。其牌号人多不知，但言陈麻婆，则无不知者。其地距城四五里，往食者均不惮远，与王包子同以业致富。”

刘氏手艺也好，做出来的豆腐麻辣烫嫩、酥香味美。因为刘氏脸上有麻子，人们就将她做的豆腐称为“麻婆豆腐”。

制胜白米饭的“八字秘笈”

对干力气活的普通百姓来说，下饭才是一道菜好不好吃的首要评判标准。重口味的麻婆豆腐在这方面堪称米饭杀手，麻辣鲜香，无一不抓住了米饭的命门，让人恨不得大啖三海碗。

在早前的一些文章里，曾写过陈麻婆豆腐的颇多讲究，例如豆子是粒粒精选，陈年黄豆一粒不用；泡豆子的水来自府河边过滤砂井井水；熬煮用松木明火；石膏选用陕甘北路货；豆瓣则是地道的郫县豆瓣。

不过作为一家挑夫光顾的家常小馆，或许“陈麻婆豆腐”压根就没那么多道道儿，至少一开始不会是走这种高档路线的。

成都著名美食家车辐先生曾在《川菜杂谈》里面回忆20世纪20年代去吃陈麻婆。当时掌勺的是真正将麻婆豆腐推向高峰的薛祥顺，饭馆是双间铺子，“与一般饭店一样，很简陋”，来光顾的多是寻常人家。1935年，蒋介石势力入川，在成都北较场开办“中央陆军军官学校成都分校”，后来改名为“陆军军官学校”。为了方便出入，还专门在城墙上开了个城门，叫“存正门”。这扇门正连通了陈麻婆所在的万福桥。时常光顾的学员把麻婆豆腐吃成了学院内外的“网红美食”。

既然是平民、学生、下级军官光顾的馆子，自然没那么多高不可攀的讲究。

车辐先生记得，那个年代成都最好的豆豉就数“口同嗜”，但陈麻婆不用这个牌子的，用的辣椒面也是粗放制作的那种，“连辣椒面把子一齐舂在里面——只放辣椒面，不放豆瓣，这是他用料的特点”。用豆瓣，那得是1949年后的事儿。

就连做法，随着时代不同也皆有出入。

20世纪20年代的陈麻婆还是老式方桌和长板凳，炉灶设于堂前，食客可围观一道麻婆豆腐的诞生。车辐先生就曾亲眼见过薛祥顺是如何料理豆腐的：将清油倒入锅内煎熟（不是熟透），然后下牛肉，待到干烂酥时，下豆豉。然后下豆腐，摊在手上，切成方块，倒入油煎肉滚、热气腾腾的锅内，微微用铲子铲几下调匀，搀少许汤水，最后用那个油浸气熏的竹编锅盖盖着。在岚炭烈火下烧熟后，揭开锅盖，看火候定局，或再煮一下，或铲几下就起锅，一份四远驰名的麻婆豆腐就端上桌子了。

而后来陈麻婆豆腐第七代传人汪林才公开的烹饪手法中，则用到了“勾芡”，而且得勾芡三次。在他看来，第一道勾芡是让味道进入豆腐，第二道勾芡是使其产生拉力作用，第三道勾芡则是让麻婆豆腐彻底黏糊，不要让豆腐再吐水。

为什么一开始的麻婆豆腐不用勾芡？

有川菜师傅认为，因为最初麻婆豆腐用的豆腐是卤水点制的老豆腐，也称“胆水豆腐”，有韧性，不会吐那么多水，而后来常用的石膏点制的嫩豆腐经不起长时间炖煮，便只能改用勾芡料理。在一些老饕看来，胆水豆腐才是他们心里的“白月光”，豆味足，至于嫩豆腐，“嘴里淡出个鸟来”。

根据汪林才所言，评判一道麻婆豆腐是否够格的标准就是8个字：麻辣酥香鲜嫩整烫。

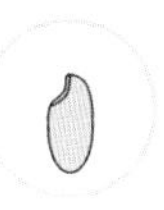

"麻"说的就是花椒带来的迷幻口感。初入口还不觉得，片刻后口腔就会泛起一阵酥麻，舌头和嘴唇像会无限膨胀到宇宙那么大，里头全是麻婆豆腐在作祟。也有人用"活"来形容那种嘴唇、腮帮子不由自主因麻辣而颤动，不受大脑控制的感觉。

"辣"指的自然就是豆瓣酱、辣椒面带来的近乎痛觉的感官体验，待到麻辣之时，就只能靠不停吃饭来盖住这种味觉失控。

酥香鲜嫩也是一碗好的麻婆豆腐最起码的修养。现在大多用南豆腐，自然是嫩得滑溜。还有挑剔的食客讲究最后起锅时豆腐块要微微"发胖"，才更显火候到家、滋味丰腴。牛肉末最好是切成火柴头大小，文火温油里慢慢煸，去了水分，才能释放出最充盈的香气。

最难的大概是"整"，即要保持豆腐块完整的形状，也叫"捆"。为了保持豆腐良好的品相，做麻婆豆腐时只能用勺背来推动锅中豆腐，而且不能回勺，只能朝一个方向推。我们曾在日本的四川饭店吃过，味道自然是不错的，唯一缺点就是"不整"，豆腐零零碎碎。转念一想，反正都是要拿来拌饭的，也就可以原谅了。

你看，在一碗米饭面前，麻婆豆腐哪里需要那么多标准和原则。

最后一个"烫"，也很好理解了。红油封顶，最大限度保持了麻婆豆腐的热气腾腾，只等掘一筷子，打开个豁口，把镬气尽数释放。正如吃饺子蘸醋某种程度上是为了让饺子没那么烫嘴，把一勺麻婆豆腐淋在米饭上，铺陈开，也能在最短时间里让温度降到可以大快朵颐。

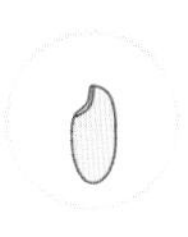

麻婆豆腐的出圈之路

1957年，陈麻婆豆腐搬迁到北门大桥下簸箕街右手边，打的招牌是“公私合营陈麻婆老饭店”。8月搬到梁家巷二道桥，以后迁到西玉龙街，用的黄牛肉末也一度换成了猪肉，车辐认为大异其趣，“豆腐没有用黄牛肉，等于失掉灵魂”。

差不多就在同一时期，也有人把麻婆豆腐漂洋过海带到了日本。当时那个正值青壮的四川厨子叫陈建民，出生于四川富顺，曾是张大千的家厨。

1958年，陈建民得知在日本新桥附近的田村町有间台湾人经营的洋食店生意不好，他就想接手过来，改成川菜餐厅。陈建民给自己的饭馆取名为“四川饭店”，成了在日本专做四川料理的第一人。因为新桥附近有很多东京政府单位，公务员们对这家听上去就很“中国”的饭馆也颇有兴趣，时常光顾。

那个时候，日本NHK电视台有一档热播的美食栏目《今日的料理》，主要是给全日本的家庭介绍一些烹饪技法，包括和式、洋式和中式。陈建民的四川饭店的分店在短短数年间已开到了NHK电视台附近，作为演职人员的食堂，很自然就被邀请去做中式料理。也正是在这档节目上，陈建民把麻婆豆腐变成了日本国民料理。

川菜讲究麻、辣、鲜、香的风味，而日本人更习惯温和、清淡的口感，同时很多四川特色食材在日本也极难买到。想要在日本让川菜闯出名堂，陈建民势必要做出改良和妥协。做四川小吃担担面时，考虑到日本人喜欢吃汤面，陈建民就在妻子关口洋子的建议下做了有汤版的担担面；传统回锅肉里的蒜苗找不到，就用包菜代替。

麻婆豆腐也不例外。

花椒和豆瓣酱绝对是麻婆豆腐里的两大杀器。汪曾祺就曾经专门敲黑板强调过：“（麻婆豆腐）起锅时要撒一层川花椒末。一定得用四川花椒，即名为‘大红袍’者。用山西、河北花椒，味道即差。”更有说法，20世纪30年代初，军阀割据混战，汉源花椒告罄，四川当地的店铺甚至会在门口贴上“今日无上好花椒，麻婆豆腐停售”的告示。

外国人未必懂得花椒的妙处。川菜大师史正良就有一次在菲律宾给人做菜，客人吃到麻婆豆腐，唇齿麻得无法自控，以为自己中毒了，急着要投诉史正良。

于是，在日本做麻婆豆腐时，陈建民用味道更温和、当地人更熟悉的山椒代替了花椒。至于豆瓣酱这种超出日本饮食习惯想象力的食材，就用八丁味噌和辣椒替代，这样调和出的辣味减了两三成，更容易接受。

在一些川菜厨子看来，陈建民出品的川菜也许已经算不得是地道川味。他也并无辩驳，只是说：“我的料理和正宗的川菜有点不同，但不是假的。”

对于已经走出四川好些年的麻婆豆腐来说，正不正宗早已不是最重要的，好吃才是王道。

记得在2007年，日本首相安倍晋三说过这么一句话：“中国的麻婆豆腐，配上日本的大米，多少碗都能吃得下去！”尽管得忽略他这是在为日本大米打广告，可说的也还真就在理。

对习惯吃米饭的中国胃来说，料理和米饭的关系就得是“金风玉露一相逢，便胜却人间无数”。有的下饭菜跟米饭好得如蜜里调油，就像一碗百叶结红烧肉里的岁月静好；有的是在跟米饭过日子，不图狂风扫落叶，就是一筷子尖腐乳那么大的细水长流。

麻婆豆腐都不是。它有四川料理里最奔放而热烈的性子，遇上清淡无声的米饭，恰恰是越不一样的便越能互相吸引，势必要来一场轰轰烈烈、奋不顾身的热恋。在这种拼尽全力的相逢里，埋头吃饭尚来不及，哪还有工夫纠结是正宗还是山寨，是完整抑或破碎。

正如陈建民所说，“料理是因为人才存在的”。我想，一定有一刻，麻婆豆腐是只为米饭而存在的。

吃鳝鱼
是江苏内斗的唯一解决办法

下饭指数

江苏，公认的内斗大省。
各种火热的明争暗斗，狠起来连自己都揍，挤对和包容只在一念之间。
当然，即使内部斗得再水深火热，也总能在一些东西上达到一致，比如，吃鳝鱼。

文 何钰 ¦ 摄影 鲁忠泽 ¦ 插画 xrc

平时该掐就掐，吃鳝鱼的时候才是兄弟

江苏一直物产富饶，饮食文化也比较繁荣。别的地方的人还在思考吃什么，江苏人已经在思考怎么吃了。

“苏菜历史悠久，特点莫过于以江河湖海水鲜为主，刀工要精细，烹调方法多样，擅长炖焖煨焐。追求本味，清鲜，风格雅丽。早从春秋战国，就有精巧的鱼脍，直至清代，苏菜不断进一步发展，江苏各地美食占很大一部分。”

于是苏菜就这么经历了 2000 多年历史，一直带领着江苏人的味觉，无论是苏南还是苏北，都没能敌过一口鲜味。长江流域盛产鳝鱼，对于祖祖辈辈爱吃鲜的江苏人来说，鳝鱼是自然馈赠的优质食材。鳝鱼也叫长鱼，比如江苏淮安的软兜长鱼远近皆知，早在清朝咸丰元年，淮安的 108 样长鱼席就已经名扬海外了。

淮扬菜一直是苏菜中比较突出的，集合了南方的鲜嫩和北方的咸鲜，拥有自己独特的风味。爱咸香浓酱的苏北人和爱甜鲜脆爽的苏南人，面对鳝鱼，根本不会想内不内斗，满脑子都是先吃为快。有人以为江苏人只爱吃甜，却不知也爱浓油赤酱，一勺热油浇下去，葱蒜香、鳝丝的肉脂味、白胡椒粉的辛辣统统出来了，一盘响油鳝糊几乎可以实现所有江苏人的幻想。

还有苏州的炸鳝段，扬州的炝虎尾，南京的炖生敲，徐州的熘鳝片……鳝鱼做主菜行，做配菜也行，在江苏人的饭桌上，鳝鱼就是做个装饰也算亮点。虽然也会为放不放辣椒这件事叫个板，但无论是江苏哪里的人，见鳝鱼而不理是绝对不会出现的。说实话，见过不吃糖的江苏人，没见过不把鳝鱼当宝的江苏人。

鳝鱼不是江苏特有的，全国一年四季能吃到鳝鱼的地方很多，但江苏人却是最会吃鳝鱼的。鳝鱼最肥美的时候是每年 6 月之后，过了小暑更好，一直到 8 月，整个夏季都在鳝鱼的热烈气息里。

本质上就很鲜美的食材，是很好烹饪的。鳝鱼肉质柔嫩，营养丰富，关键是刺少，好做菜也好入口，随便红烧一下就是一道好菜。一过小暑，江苏人家最爱做的家常菜就是鳝筒红烧肉。两斤肥瘦相间的五花肉，过了油的鳝筒加上煸香的五花肉，配上几片姜几瓣蒜炖煮。

自然苏南人做红烧肉会多放些糖，苏北人不放糖，偶尔搁两颗干辣椒，做出来滋味都不差，吃得嘴角流油。清淡能做，浓厚能做，甜的合适，辣的也合适，千百种做法，每一种都别具一格。

江苏菜市场的绝技

小时候跟着妈妈去菜市场买菜，最爱的莫过于在卖鳝鱼的摊位前，看摊主杀鳝鱼、划鳝丝。鳝鱼好做，但要做得出色却是技术活儿。

首先得挑新鲜的鳝鱼，提前去好骨、划好丝的鳝鱼不行，必须得现挑现杀。要挑游来游去有活力的鳝鱼，皮肉要完整的，不能有伤口，皮肤要光滑的，黏液要丰富不脱落，这样的鳝鱼肉质比较嫩，口感比较好。

其次，挑鳝鱼还得看脸看身材。鳝鱼圈里以肥为贵，越是粗一点的鳝鱼越肥美，颜色上可不“以白为美”，颜色越深肉越紧实弹牙，口感也就越好。当然，明显畸形或者碰了都没反应的鳝鱼，不能挑。挑完鳝鱼就是杀鳝鱼环节了，摊主的技术好不好，直接关系到骨头去得干不干净，丝划得好不好看，去完骨后皮肉有没有受损。

杀鳝鱼可能是江苏人的一大绝活，高手往往都藏在民间。

去骨的刀是特殊的刀，捉了活鳝鱼侧着钉好，只一刀从后颈扎进去，一路刨到尾巴尖尖，然后从颈部那一下切断骨头，却不能碰到肉。把刀抵在颈部骨头下面，再一路劈到头，把骨头和肉分离，骨头就去了。把内脏取出来，血水洗干净就好了。

剩下的，就看顾客的需求了，摊主会把鳝鱼肉划成鳝鱼丝卖给顾客。鳝鱼生得皮娇肉嫩，去骨这么个活儿，最考验师傅手头的力道，少一分取不下骨头，多一分又容易把皮肉弄烂。

处理得好的鳝鱼，是三刀划开皮肉完整的，划得好的鳝丝，每一条长短粗细都相同，干净整齐，甚至连弧度都一样刚刚好。

如今并非处处都能看见去骨划丝的现场了，但这门手艺，却是扎扎实实融汇了江苏人很多很多年来对鳝丝的热爱和吃鳝鱼的心得。

江苏人的全鳝宴

虽然鳝鱼是江苏人共同的心头好，但是各家也有各家钟情的吃法。一条小小的鳝鱼饶是能做出十来种菜，就算口味不同，却没有一个江苏人会放过刚出锅端上桌的鳝鱼。

响油鳝丝

要尝经典的鳝鱼菜，必然是少不了响油鳝丝的。响油鳝丝的一大亮点，就在最后那一勺热油，热锅中放下一块猪油，烧到八成热。炒熟的鳝丝放入盘里，中间留出空间铺上葱花蒜末，浇上烧热的猪油，鳝丝葱花蒜末刺啦响，声音和香气便一起出来了。

酱爆鳝丝

比较费油，鳝丝入锅后，一旦鱼肉泛白立马就要捞出来。拢共鳝鱼也没在油锅里待多久，偏偏起锅就得大半锅油。这样爆出来的鳝丝外酥里嫩，再配一勺豆瓣酱一勺剁椒酱，一般和青红椒爆炒出锅，就是一盘经典的酱爆鳝丝了。

锅盖面

如果你点了一碗锅盖面，没有点长鱼面或者长鱼腰花面，那可真是白吃了。清爽鲜香的酱油汤面，汤里撒上几段韭菜叶，面上盖上现氽烫的鳝丝和腰花，一提，一拌，先吃一口浸满汤汁的鳝丝，再来一口面，吃到最后还得喝一口酱油汤底才算完整。有些对鳝鱼的土腥味特别敏感的人，还会选择在锅盖面里放上一点儿白胡椒，那滋味也是上乘。

炖生敲

名字拗口得不得了，却也是有好几百年历史的菜了。活鳝去骨，用刀背把肉拍松起茸，先油炸，再和五花肉一起清汤炖。关键在这油炸的火候上，多一分少一分都不行，炸到起花立刻起锅才是最佳。听起来就很麻烦，不过吃起来的确酥烂又有弹性，醇厚又不油腻，“若论香酥醇厚味，金陵独擅炖生敲”这句评价，不过分。

长鱼汤

鳝鱼能做菜煮面，自然也是能做汤的。长鱼汤属于汆鱼烩丝，鳝丝油炸到酥脆，氽烫进汤里，打蛋花，勾薄芡，一气呵成。每碗汤配一小碟姜丝，喜欢胡椒粉的话另加。

银丝面

这碗汤面从面汤到浇头都有鳝鱼的位置，黄鳝骨加猪骨、鸡骨和海货熬汤，浇头鳝丝小锅现炒。面刚捞出，浇头就炒好了，热乎乎地端上桌，谁能抵挡一碗热汤面的诱惑呢？

为一口饭，想一头猪

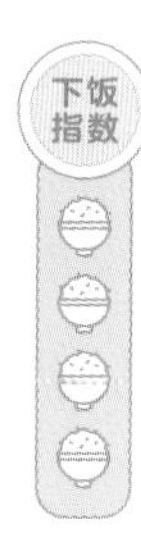

最下饭的肉菜，当属回锅肉。

文 冀翔 | 图片 视觉中国

做回锅肉用的猪差点没了，你信吗？

2013 年，网传回锅肉的最佳原料，那一块臀尖二刀肉的主人成华猪，因为养殖数量少，已剩不到 100 头，珍贵过大熊猫。要不是这消息引发的一片哀号，好多人真不知道，自己和身边的人有多渴望一盘美好的回锅肉。好在这些年，各方似乎有些保护动作，恢复养殖，你我才放下心来。

为它上穷碧落下黄泉，回锅肉值得。

北京遍地以干锅手撕包菜和宫“爆”鸡丁盖饭为招牌的川菜小馆儿，无法用青椒、洋葱片儿、桶装豆瓣酱解答任何有关回锅肉的问题。好的回锅肉，顾名思义，至少要两次下锅，猪臀肉整块煮到八九成熟，四川话说有点溏心儿，晾一晾再下刀切薄片，肉中心微泛血红，就像在北京手切羊肉片下开水铜锅一摆。油稍稍一热，肉二次下锅，灵魂跟着跳下去：永川豆豉、郫县豆瓣，烈火爆炒，香辣扑鼻。直把肉片熬出油来，微微卷曲，好像一柄玉匙，那才叫“灯盏窝”，窝里能盛一盏灯油，寻常五花三层炒不出来。再来一口甜面酱。葱段不可多，蒜苗不可少，也要粗得像葱，叶和杆儿分开切大段儿，剩下的维生素来源，一律随意，莴笋切薄片下去，要得，包菜撕几片下锅，亦可——四川人对正宗的“执念”，其实是很随意的。

然而，要满足这宽松的执念，自己不会炒，还是难。今天在外地，随便点一盘回锅肉，肥肉还勉强能吃，瘦肉十有八九是柴的，越炒越硬，熬成了肉干。有的不舍得用臀尖，直接五花肉切大片儿，肉不可谓不美，可直蹦蹦地毫无兴味，只好为它祈福，下辈子投胎到东北人的酸菜锅里，做一锅好汤。最高级的，一定还是成华猪，李劼人《死水微澜》里写：“比任何地方的猪肉都要来得嫩些，香些，脆些，假如你将它白煮到刚好，切成薄片，少蘸一点白酱油，放入口中细嚼，你就察得出它带有一种胡桃仁的滋味。”老先生是开过饭馆的，生意兴隆到绑匪都觊觎，他的话最好是信。

有人要讲了，这有什么？怎么炒都是咸和辣，拿什么炒，不一样是下饭？麻婆豆腐如是，干烧桂鱼也如是，辣是痛觉，饭是为了压痛。乖乖。一辈子盐拌豆豉猪油捞饭好了，泡豇豆都嫌浪费。

四川人是爱饭的。一碗“帽儿头”，发展到极致，便是两平碗一扣，满满一团和气，喜白饭至此，简直是礼赞。川菜辣味如此多，煳辣口、荔枝香、陈皮味，鱼辣子剁细碎下锅炒出鱼香，真以为是花式制造痛觉？辣与辣不一样，麻婆要烫，血旺要麻，鱼香要鲜，鸡丁赐花翎授宫保衔，图的是咸、香、辣、酸、甘，一口滑嫩十口十味，一切不过为了对得起他们最爱的饭。天府国白米乡，四处产玉粒，自然要配金莼，川菜百味，配上白饭，一味生二味，二生三，三生万物，“帽儿头”的日子一碗接一碗，一辈子过不完。

下饭不是那么简单的事情。这些年，瞎糊弄的事儿，糊弄不住的事儿都见了太多，随便有点儿滋味便塞进嗓子眼的白米，也吃了太多顿。我们又在为了回锅肉去想念一头猪，其实是想一段儿不用糊弄的生活——卷曲的肉片挂在筷头，微微颤抖，油光闪烁，那肉是活的，人也就活了。

你喝醉的样子，看起来真好吃

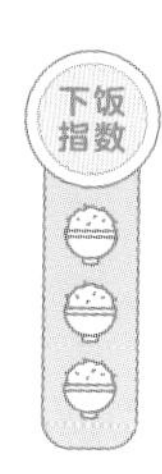

灌醉一只横行的螃蟹。

文 毛晨钰 | 摄影 鲁忠泽

吃蟹是件精细事

林语堂在《吾国吾民》里把螃蟹列为国人最偏好的代表性食物，“但凡世上所有能吃的东西我们都吃。出于喜好，我们吃螃蟹；如若必要，我们也吃草根”。

被偏爱的总有恃无恐。螃蟹横行，而人们总不吝用极大的耐心去拆解一只螃蟹。据说明代就有一个叫漕书的人，专门发明了吃蟹工具。起初是锤、刀、钳三件套，后来不断升级换代，到了八件、十件甚至六十四件。在盛产螃蟹的苏州，食蟹工具一度是姑娘们出嫁的必备嫁妆。日子过得是否风雅，全在这套家伙什的排面。

解决一只螃蟹，有的是办法。清代《调鼎集》里就有四十七种吃蟹大法。不过，梁实秋在《雅舍谈吃》里却觉得“食蟹而不失原味的唯一方法是放在笼屉里整只地蒸”。

蒸也是长江三角洲一带吃蟹的基本操作。管你是如何横行霸道的螃蟹，临了被五花大绑一番，也在蒸腾的水汽里失了灵性，变得乖驯，任人拆吃入腹。

相比起这样讲究温婉的吃法，明明还有更衬螃蟹气质的醉蟹。

早在隋唐至宋朝之间，就流行过糟蟹，做法皆在一段顺口溜中，“三十团脐不用尖，陈糟斤半半斤盐，再加酒醋各半碗，吃到明年也不腌”。意思就是把三十只母蟹都放入铺了糟的罐子里，再用盐、酒、醋调味，最后再用糟渍封口。在扬州的隋炀帝对这种糟蟹爱得深沉，每每收到进贡。吃蟹前把外壳擦干净，贴上金纸剪成的龙凤花，这是对一只糟蟹起码的尊重。

糟蟹之外，《东京梦华录》里还有遗珠“酒蟹”，大约就是人们后来所说的醉蟹。

如果说蒸蟹有几分名门正派的憨直磊落，醉蟹则总能给人一记不见首尾的出其不意。细细将浴缸里的螃蟹都洗刷干净，倒白酒让螃蟹吐出泥沙，再用自家的方子，调进上好黄酒密封保存。在家里凉快的地方搁置十来天就能开缸下饭。

早些时候，走进苏浙家庭，往家里通风阴凉处探去，总能发现几口缸。往里看去，深不见底，一掏，往往能钓上一只醉蟹。螃蟹用的不是什么考究的大闸蟹，大多是菜场上随手能拎一把的小毛蟹。那时吃蟹还不算是太有仪式感的事情。毛蟹买来，劈开两半，跟切片年糕爆炒或是搅和在一锅烂糊面里都是可以的。

也有地方是用每年七八月份上市的“六月黄”。六月黄又叫“童子蟹”，经过两三次脱壳，正是嫩生生的好时候，大小也适口，吃起来更有玲珑精妙感。

别看小蟹不值钱、不隆重，却并非无须用心，说起来倒有几分看似不费力的讲究，至少得把小家伙们一个个料理干净了。清初大儒朱彝尊的制蟹秘诀就有三条：

其一，雌不犯雄，雄不犯雌，则久不沙。其二，酒不犯酱，酱不犯酒，则久不沙。其三必须全活，螯足无伤。沙，就是松散、松懈。蟹黄要是沙了，吃起来就没有了灵魂，要知道，醉蟹之奥义，就是形散神不散。

把螃蟹辨出雄雌，先上白酒，再封进黄酒坛子，加入酱油、冰糖和各种香料。白酒黄酒轮番上阵，一个劲头冲，一个后劲足，愣是把螃蟹灌得找不着北。淌过醉卤的醉蟹，攥得再紧的黄和膏都化开了，成了灿烂的果冻状。沿着蟹斗的边缘，能饮尽一汪秋意浓。也不知道是酒醉了蟹，还是蟹迷了人。

当沿街开出大闸蟹专门店，买蟹成了一年一度的仪式时，螃蟹也成了餐桌上的奢侈品。大概是为了配合如此高贵的身份，一些餐馆和大厨也在原料上下足了猛料——那只寻常人家的小小醉蟹升级换代成了足膏足黄的大闸蟹，用的酒也非高级不用，不是陈年黄酒、上等烈酒，还入不了螃蟹的口。

也是为了让食客吃得更放心，醉蟹也有了生熟之分，通常说来，南方人钟爱生醉，北方人偏好熟醉。

出生在高邮的汪曾祺自然深谙生醉蟹的妙处。他在《切脍》一文里写道，“醉蟹是天下第一美味”。曾有老乡给他捎来一小坛醉蟹。为了款待上门拜访的天津客人，汪曾祺特地剁了几只，谁知道客人吃了一小块就问：“是生的？”于是不敢再吃。

汪曾祺专门提到过的是兴化的“中庄醉蟹”——算得上是苏浙醉蟹里的“元老”。重阳节后挑选蜈蚣湖里身段漂亮的青壳母蟹，活养、干搁、修毛等，要到小雪节气才差不多准备停当，随即下缸，到大寒开启，美味和期待都达到峰值。

多数北方人很难有这样的运气。人在北方，很难在第一时间吃到活蹦乱跳的河鲜、湖鲜。哪怕以最快速度飞驰上千公里，这活物到手，也失了灵气，如果生食，是一场胆量和肠胃的较量。为了吃醉蟹而没有后顾之忧，厨子们会先把螃蟹蒸熟，再浸泡在醉汁里，算是对醉蟹爱好者最后的温柔。

还有一种神奇的醉蟹方法，只在武侠小说里见过，姑且也能算是某种意义上的熟醉吧。

小说家萧逸在《金剪铁旗》里写过一种先醉后熟的螃蟹。把大螃蟹浸在放了茴香与姜的绍兴酒中，然后放在瓷罐隔层上。罐子下面有炭火，烧着开水。螃蟹受热，四处攀爬。此时抽起隔网，任螃蟹掉入开水中。武林高手，个个眼疾手快，一见螃蟹变色，就立即捞起，“双手齐下，把那醉蟹撕得一团糟，肉黄混淆，齐浸入佐料之内，就口大啖，连连叫好”。

螃蟹安生了，食客才能放肆。

如果说蒸蟹只能姑且算是胜利，那么醉蟹就是一场碾压局。前者吃起来也是快活的，跋扈的螃蟹终于乖顺，而后者更有某种在危险边缘疯狂试探的刺激——螃蟹只是醉了，也许下一秒，它就会醒过来。所以，赶紧趁醉，把它解决了吧。

醉蟹配饭，最是生猛

早起白粥一碗，从缸里扯出一只醉蟹，也不费对半切的工夫，就这么囫囵咀嚼，鲜而烈的滋味一下子就把还惺忪的睡意抛出去好远。醉汁混着蟹黄，滴里嗒啦落进白粥里，鲜味直教人羽化飞升，谁还敢说白粥没滋味？

懒得烧菜的日子里，光是有一碗白米饭，只要缸里还有醉蟹，那便也够了。

醉蟹卧在米饭上，汁水顺着间隙而下，那一口米饭是最肥美的，混合着酒香甘醇。先从腿开始拆解。腿肉是冰冰凉、滑溜溜的，就在呼吸之间，便蹿进了嘴里，几乎一遇热就化作水。鲜甜滋味就淌开来，这时候赶紧猛塞进一口米饭，已阻止美味决堤，逃逸出口。

蟹黄是华章的高潮。揭开蟹壳，任蟹黄散到米饭上，有点像吃海胆饭，但风味更甚。米饭在这一刻，成了海绵里每一颗细密的孔，拿来吸足充盈而蓬勃的香气。拌着汤汁，呼噜下去大半碗。

很多人都以为醉蟹只是苏浙风物，其实在中国，螃蟹即便是醉了，也能行上千里。在黄山脚下的徽派古村落屯溪就有当地特色的醉蟹，用的倒不是惯常的黄酒，而是徽州一带的糯米甜酒，吃起来口感更加柔顺甘甜。山东也有这种用糯米酒泡的微山湖醉蟹。

其实，醉蟹的兄弟们也不少。

跟上海生醉蟹有异曲同工之妙的还有宁波盐呛蟹。最早是渔民出海，捕到梭子蟹，为了可以放久一点，就把生蟹放到盐里面，所以叫“盐呛蟹”。盐激发了海蟹的鲜美，特别下饭，有“压饭榔头”的江湖大名。

每年 9 月到 10 月，是膏蟹的捕捞季，总有一些上乘红膏蟹要被拿来做呛蟹。跟醉蟹不同的是，呛蟹用的是浓盐水。新鲜红膏蟹洗干净放到足以使其浮起来的盐水中浸泡几十个小时就能吃。

跟玲珑精巧要细细掰开来嚼碎了的醉蟹不同，呛蟹被大刀阔斧劈成十块。蟹脚尖尖先去掉，切去蟹壳，横一刀分两半，拿掉蟹腮，把半蟹再切成四块，每块连着一只蟹脚，大鳌敲碎，凝着红膏的蟹壳再分四块，就可以笃笃定定降服一只呛蟹。

在宁波老三区，呛蟹没那么咸，吃的时候加点黄酒滋味更浓厚；奉化呛蟹则更咸；而在余姚，人们吃呛蟹会添白酒或是糖。如此看来，呛蟹，呛的是蟹，醉的是人。

同一只蟹到了潮汕，经蒜头、白酒的点化，就成了生腌蟹。在这里，它们有“毒药”之称。梭子蟹用粗盐腌制冷冻，切成小块后再用高度酒、酱醋糖这些佐料浸泡。吃的时候蘸上蒜泥醋碟，只轻轻一吸，蟹肉就哧溜漂进嘴里，翻着盐味浪头。

生腌蟹本来就是潮汕人拿来配粥吃的杂咸，下饭更是一绝。腌蟹咸而凉，米饭温又香，就像一张白纸，随便狂放不羁的螃蟹如何在上面泼墨作画。类似的还有温州的江蟹生，鲜香的一汪，能下饭两碗。

在我的印象里，不知什么缘故，醉蟹或生食蟹总比清蒸螃蟹更下饭开胃。大概蒸蟹就像是零嘴，除了安安静静拆一只蟹，哪里还有工夫吃饭？而醉蟹则不同，既有蟹肉，又有汤水，还带酒香。这不就是关于秋天最让人微醺的想象？

臭鳜鱼漂流记

香臭香臭的乡愁。

文 刘树蕙 | 摄影 鲁忠泽

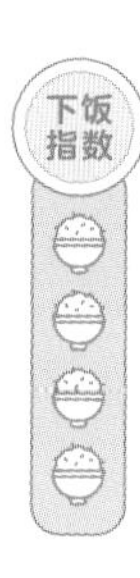

臭鳜鱼为什么臭?

周作人说，在京城吃到故乡的臭苋菜，仿佛有一种旧雨之感。同样的乡愁，只有远乡的徽州人能够体味，臭鳜鱼和臭苋菜，是一脉的蕴藉与风流。

那是年节的细雪和火炉，搬开缸内的青石块，鱼鳃是殷红的，铜绿的鱼身分泌出黏液，散发着让人不舍的臭味，在屋檐下浓油赤酱烧一锅鳜鱼，腾腾烟气没入着地即化的雨雪中，它比鲜鳜鱼要高贵得多，臭的反而上得了台面。它偶尔臭得上头，不够标准，却是属于徽州人的味觉记忆。

最好吃的臭鳜鱼当然是家里做的，接到奶奶通知去吃臭鳜鱼的电话，骑车的那半个小时都是咧着嘴在傻笑，到了后直接扔下自行车往屋里跑。

“这是朋友从池州带来的大鳜鱼哪，两斤多重！”奶奶一边用铲子翻滚着柴锅里的被切成块状的臭鳜鱼，一边继续说：“太大了，费劲得很，腌了一星期了。”

然后用铲子舀出一块递到我的嘴边：“好吃哇?”我被烫得直嗦嘴，一边不肯舍弃那块臭鳜鱼，一边频频点头。

被端到餐桌上的那一大盘臭鳜鱼，肉色外缘粉红，内里雪白细嫩，筷子稍一用力，紧实的鱼肉像百合一样次第展开，奶奶烧鱼不加其他配菜，浓油赤酱，加大量的葱姜蒜和辣椒，辣味融合黏稠的酱汁，切块后更容易入味，好吃得根本停不下来。

奶奶家的臭鳜鱼是我心底的白月光，后来多少臭鳜鱼，都无法取代。

等我到了北京，却被一种景象彻底惊呆了——家乡的臭鳜鱼，已经成为京城的美食标杆之一，大街上居然还有以臭鳜鱼为店名的菜馆，连北京朋友都会和我说：“走，带你去吃臭鳜鱼。”

看起来，这条臭鳜鱼，比我早进京。

许多人对鳜鱼之臭，无法理解。鱼之鲜在于食材和清蒸，为什么要选择让一条好鱼腐败?

徽州人会告诉你，故事发生在两百年前的某一天。那时商贩要从池州贩鱼到徽州。为了防止鱼变质，通常选择在阴天里，将鲜鱼装入木桶，然后一层鱼洒一层盐水，雇挑夫运至徽州。

但由于天气变热，很多鳜鱼在路上就窒息而死，到达徽州时已经散发出一股臭味。于是商贩们灵机一动，将鱼开肠破肚，鱼身抹上重盐去除臭味，又找来当地大厨加了佐料红烧。没想到，大家一尝，别有风味，鱼肉紧实醇厚，闻着臭却吃着香。自此，臭鳜鱼的百年历史就开始了，一跃成了徽州名菜。

臭鳜鱼的流派

当一个徽州人在京城看见臭鳜鱼，这件事已经变得不足为奇；然而，当一个徽州人在北京看见湘菜馆里做臭鳜鱼，那真是大开眼界。

那家湘菜馆，赫然把臭鳜鱼放在了首席招牌菜的位置，一瞬间，我的第一反应是：你们考虑过剁椒鱼头的感受吗？

当然，湘菜菜系里，以鳜鱼为原料的菜不少，比如1983年湖南科学技术出版社出版的《湘菜集锦》里，就有“白汁鳜鱼、白水鳜鱼、五柳鳜鱼、松鼠鳜鱼、叉烧湘江鳜鱼、锅贴鳜鱼片、糖醋熘鳜鱼……”。1991年北京出版社出版的《马凯餐厅菜谱》里，则有“五柳鳜鱼、松鼠鳜鱼、鸳鸯鳜鱼、白水鳜鱼、干炸脆皮鳜鱼、三鲜鳜鱼饺、菊花鳜鱼、如意鳜鱼卷、绣球鳜鱼、火夹鳜鱼片、柴把鳜鱼、酸辣鳜鱼卷、锅贴鳜鱼片、网油叉烧鳜鱼、熘玉带鳜鱼卷、炸西法鳜鱼排”等，马凯餐厅是北京一家1949年后开办的知名湖南风味餐馆，可以发现，这其中，丝毫不见臭鳜鱼的踪影。

而在1988年6月由中国财政经济出版社出版的《中国名菜谱》的《安徽风味》卷章中，很详细地写着：“腌鲜鳜鱼原名臭鳜鱼，起源200多年前，是徽州传统名菜。”

在采访了数家徽菜馆之后，有一点几乎是可以肯定的，臭鳜鱼在北京的流行，是因为2014年《舌尖上的中国》对于臭鳜鱼的介绍。一家家臭鳜鱼餐厅在北京开张，逐渐让本来特别小众的臭鳜鱼被更多人所熟知。

也许，湘菜也借鉴了徽菜，让这道重口味的臭鳜鱼进入了湘菜食谱。现在的臭鳜鱼自然就被分为传统徽派和另类湘派，腌制烹饪手法以及不同程度的臭度、辣度，成了它们俩最大的不同。湘派主要是用臭卤或臭豆腐腌制发酵，辣度和臭度比起徽派都要更强烈一些。喜欢哪种口味，仁者见仁，智者见智，大家自行挑选。

京城臭鳜鱼是现腌的吗？

北京有一家藏在十里堡居民楼里的安徽土菜馆，老板是无为人，专做安徽回头客生意，尽管环境不好，总是宾客盈门。点了一份红烧臭鳜鱼，我随口一问：

“这是你们自己腌制的臭鳜鱼吗？”
“怎么可能？这是黄山腌好了运过来的，北京这气候，腌不好的！”

老板坦诚告知，他刚开店时，曾经尝试在北京腌制，但腌臭鳜鱼需要足够湿气，在北京无法实现。那么，那些每一条都打着“手造之味”的名号，翻台率那么高，开了那么多家连锁的臭鳜鱼品牌店的鱼，都是哪里来的呢？

一个线人告诉我：“你在北京吃到的每条臭鳜鱼几乎都来自黄山，北京不做臭鳜鱼！”

在各路熟人的推荐下，我终于找到了一个网店。这家网店的老板骄傲地说：“黄山生产的臭鳜鱼向北京杨记兴、徽乡小镇、徽巷里、徽满楼、无为土菜馆、北京迎宾食府、花亭湖酒楼等酒店供货，仅是杨记兴一家门店就月供3万余斤，徽乡小镇、徽巷里各有万斤以上，其他酒店也有几千斤左右。”

不过，对于普通的顾客来说，臭鳜鱼是否由北京餐厅自制，其实没那么重要。而对我来说，在北京即便吃不到现腌现烧的臭鳜鱼也没什么关系，因为它从徽州翻山越岭，香臭香臭地摆在我面前，就足以慰藉一个徽州人的乡愁。

只是有时候，还是会想念，在那个阳光灿烂的午后，看着奶奶，给木桶里的鳜鱼们抹上精盐。空气里有一点腥，可是被樟木桶的沉香盖过，真好闻。

一条臭鳜鱼的诞生

① 选择一个阳光不错的午后，买来几条一斤半左右的鳜鱼，去掉鱼鳞和内脏，清洗干净沥干水分；

② 用樟木桶，先在木桶底部撒上少许精盐，然后逐一将鱼表面抹上适量精盐；

③ 整齐地放入桶内，一层一层往上码；

④ 最后在鳜鱼上面压上青石板或鹅卵石；

⑤ 每天上下翻动一次；

⑥ 然后等待时间的馈赠，夏天大概三四天即可，冬天一周左右，就能隐隐闻见臭味。

八宝辣酱与折中主义

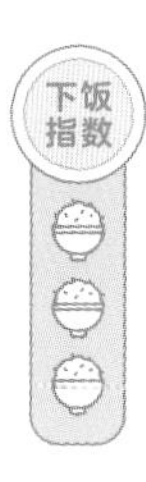

揭秘八宝辣酱。

文 沈嘉禄 | 摄影 鲁忠泽 | 插画 xrc

沈嘉禄

著名美食作家，中国作家协会会员，上海作家协会理事。
代表作《上海老味道》，专注于对上海城市文化与历史的研究，并涉及非物质文化遗产保护与传承、文物收藏、饮食文化等领域。

中西方文化差异很大，但在某个方面居然高度统一，比如数字迷信。

欧美人士认为 7 是幸运数，中国人对 8 迷得要死。大家还记得北京奥运会开幕式吧，激动人心的 888，焰火冲天，万众欢腾。

《易经》我没研究过，但据朋友说，就是从八卦图中推导出来的。佛教与道教都有明八仙和暗八仙两种吉祥图案，不过道教八宝在民间工艺上体现得更加喜闻乐见，更加世俗化。

在民间话语中，凡是表示多而杂的，也是好以“八宝”来命名。古典家具中有“八宝螺钿嵌”的工艺，老外婆当年陪嫁的老红木镜箱，若有八宝螺钿嵌的图案，今天就可以送到典当行去换钱。在饮食方面就更接地气了，粥有八宝粥，饭有八宝饭，茶有八宝茶，甜品有八宝绿豆汤，菜有八宝菜、八宝豆腐、八宝鸭、八宝鲈鱼、八宝羊方等。

八宝鸭是本帮菜中的大菜，去城隍庙上海老饭店请人吃饭，来一只，倍有面子，好吃不好吃是另外一桩事。本帮八宝鸭是从苏州八宝葫芦鸭那里“化”来的，用今天的话说就是抄作业。现在本帮八宝鸭成了中国烹饪协会“钦定”的中国名菜，作为母本的八宝葫芦鸭却不是，苏州人相当胸闷。

本帮菜里还有一道八宝辣酱，思路与八宝鸭如出一辙。不过据我研究，倒也不能说八宝辣酱抄了八宝鸭的作业。回望一下本帮菜的成长史，在这之前，他们已经在烧八宝辣酱了。只不过那会儿的八宝辣酱是用大锅烧的，烧好后装在钵斗里或木盆里，客人来了，点一盘，厨师再小锅回烧，起锅后在顶上撒一撮葱花：“张老板，你的八宝辣酱！”盘子堆得尖尖的，红油汪了一圈，咸中带甜，辣味温柔，蛮对上海人的胃口。以前的上海人是吃不来辣的，本帮菜里唯一用到辣酱的就是八宝辣酱。

八宝辣酱是下饭菜，吃了肉丁还有笋丁，吃了鸡肫还有猪肚，丰富多彩，好运连连。

浦东老八样里有炒三鲜、扣三鲜、三鲜汤等，每一样食材都有 B 角，可随意调配，凑足 8 样就行，超过 8 样更有腔调。这种热热闹闹的农家乐画风也潜移默化地影响了上海人的集体性格，100 多年前的上海人喜欢凑热闹，庙会、花神会、三巡会之类的大型群众活动就不谈了，即便是乔家浜某豪门的出丧队伍，也可以逶迤一里路，围观群众兴高采烈。现在，也差不多。

有个别读者朋友可能不明白，本帮菜的厨师怎么可以烧大锅菜呢?听我解释，本帮饭店的前身，基本上就是路边摊，炉灶、风箱、八仙桌、长条凳都放在人行道上或弄堂口，烟火气十足。我们可以在1919年出版的《老上海》一书中看到作者这样描写："沪地饭店，则皆中下级社会果腹之地。"没错，本帮馆子出生低微，服务对象也多为草根阶层民众。老上海至今还对星罗棋布的饭摊头有深刻印象，一般就是夫妻档，顶多再雇一两个伙计，供应的菜式有白斩鸡、卤肉、拌芹菜、金花菜、炒三鲜、虾米烧豆腐、红烧菜心、走油拆炖、青鱼头尾、青鱼秃肺、炒腰花、干切咸肉、咸肉黄豆汤、肉丝黄豆汤、炒肉百叶、草鱼粉皮等，有些菜是事先大锅煮，装盆叠在白木桌子上，顶多加个纱罩，客人看中便可取食，或请老板回锅上桌。价廉物美，量大味重，适合贩夫卒子果腹疗饥，游客、工人、商店职员、小报记者、进城农民等都是其忠诚的消费对象。

曹景行的老爸曹聚仁，在报馆做外勤记者那会儿，就经常在这样的饭摊头吃饭。像唐大郎、严独鹤、范烟桥、陆澹安这样的老报人才去老正兴二楼雅座坐端正了点菜，他们是不吃炒三鲜或八宝辣酱的。

正因为巴结低端人士，可以想见民国风格的八宝辣酱有着很强的随意性，东抓一把西抓一把，李代桃僵，吉庆有余。直到饭摊头慢慢做大做强，找到好市口开起正儿八经的饭店，八宝辣酱才现炒现卖，趁热吃。

据业内人士说，将八宝辣酱修炼成一道名菜的，是一家春的金阿毛。一家春离我家不足500米，2001年我搬到老城厢外大南门那会儿，在中华路董家渡路转角上的百年老店已经被德兴馆鸠占鹊巢了。一家春的资格与老饭店可有一拼，经济小菜做得兢兢业业，比如"黄将"，豆腐衣包肉，油炸结皮，一只只像浦东话里的"麻将"，再红烧入味，浓油赤酱作风，现在不大有饭店做了。八宝辣酱也是他家最好，精选食材，先煸后烧：肉丁、鸡丁、笋丁、肚丁、鸡肫、开洋（海米）、花生米、白果、板栗，有9样了是吧?对的，开洋是作为调味品介入的，事先加黄酒、白糖蒸软，入锅后才能华丽地提升这道菜的风味。现在有些饭店为节省成本，免开洋，成菜看上去仍然很美，外行不懂，盲目叫好，实际上差了一口气。

我有一个观点：八宝辣酱加不加开洋，是区别饭店菜和家常菜的关键一项。上海弄堂人家似乎都会烧八宝辣酱，色泽、味道各有千秋，但投料总是往下走，鸡肫（生煸）、猪肚（预熟）、白果（预熟）等虽然耗材不多，但弄起来蛮麻烦的，算了，就以毛豆、茭白、豆腐干、青椒、蘑菇、土豆等滥竽充数，哪怕火候过老，以致青

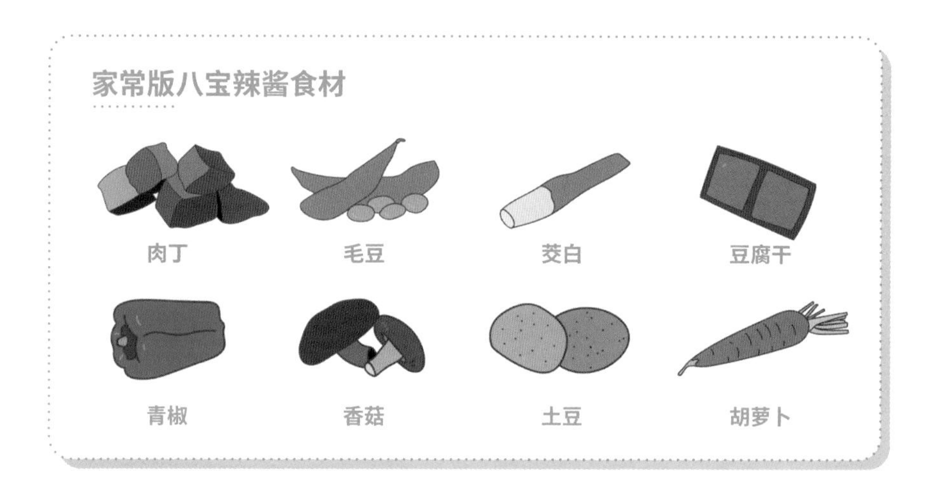

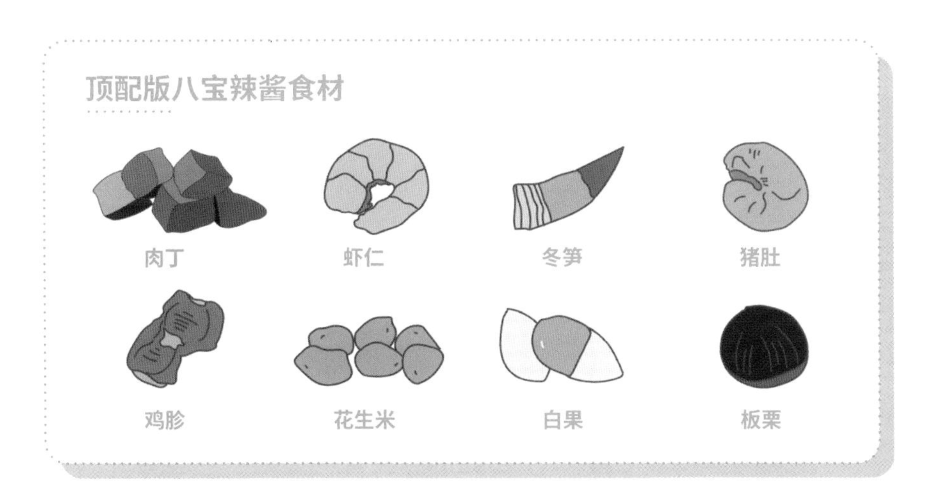

椒发黄，蘑菇发黑，毛豆开豁，只要辣伙酱和甜面酱到位，青葱一撒，红油一汪，一家人照样吃得眉开眼笑，可送饭，可佐酒，可做面浇头。工厂、学校、机关的大食堂也会隔三岔五地做一大盘辣酱，食材如果凑不齐的话，就只好怯怯地称作“炒酱”，你看你看，这个寒酸劲啊。

大概在 20 世纪 90 年代，八宝辣酱才由上海老饭店定了基调，进入本帮菜经典名菜序列。定基调的一招，就是在辣酱装盆后，另外起锅滑炒 50 克虾仁“盖帽”，看上去有白雪盖朱山之妙。这也是给上海人面子啊。

各位爷见惯江湖，知道饭局点菜大有讲究，暗藏密语对吧，那么上海人设饭局，若是上了八宝辣酱，说明他请的是至亲好友，省银子，有面子。因为这种菜可吃可不吃，磨磨筷头，摆摆样子，吃剩有余的话还可以打包，第二天下面吃。如果没上八宝辣酱，估计请的是外地客人。历史的经验值得注意，假如用此菜来招待外地朋友，特别是川、湘、赣、黔、滇诸省的吃货，那是花了银子讨骂：这算哪门子辣酱？一点辣劲也没有，还放了这么多的糖！

本大叔在八宝辣酱这档事上得罪过外地朋友，教训深刻啊！

上海有许多老建筑，世界各国的建筑风格都能找到，折中主义建筑在外滩沿线也很多。所谓折中主义，是 19 世纪上半叶至 20 世纪初，在欧美一些国家流行的一种建筑风格。建筑师参照历史上各种建筑风格，随意组装建筑语汇，没有固定法式，只要比例得当，看上去顺眼就 OK 了。以今天的眼光来看，折中主义建筑与上海城市的气质蛮搭的。

八宝辣酱也是折中主义。

2020 年底，有家影视公司找到我，他们要制作一部系列电视片，在每个省、直辖市、自治区选一位会烧菜的作家，拍摄买菜做菜的全过程，在上海他们选中了我。我忙碌了好几天，外景，看看苏州河，跑跑小菜场；内景，烧了两道菜，一道是蟹粉豆腐，另一道是八宝辣酱——我倒是实实足足加了一把邵万生开洋的。

哪呀，我怎么也走折中主义路线。

乱炖不乱

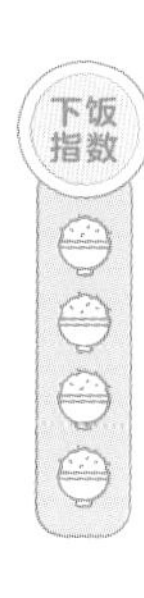

东北人喜欢吃炖菜．就像生活在东北的人性格一样，简单粗犷。
无论什么材料，只要能吃就可以放进一个锅里炖，炖到烂熟，炖到你中有我，我中有你。

文 姜研 ¦ 摄影 鲁忠泽 ¦ 图片 视觉中国

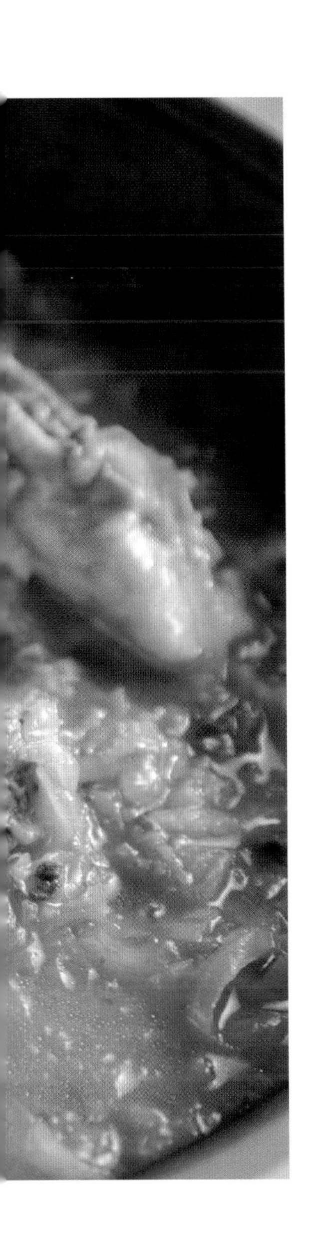

东北菜不属于“八大菜系”，在粤菜、淮扬菜面前好像总有点被压得抬不起头来的样子，历史不长，工艺也不精。在多数人眼中，乱炖是一个难登大雅之堂的菜，它不像锅包肉一样有高技术含量，也不像杀猪菜一样硬核，它就是普通人家里偷懒时做的一道家常菜，它只会出现在晚餐，以及第二天、第三天的午餐和晚餐里。因为一顿吃不完，每次还要再加点新菜，甚至有可能一道菜吃一周。

看似乌糟糟一团，实则粗中有细，就像做炖菜的人，都是随性与豪放的人，食材放得要随心所欲，一锅菜全凭自家喜好，菜量要大，大得够一大家人吃个痛快。火候先大后小，时间要刚刚好，等到那全部食材的洪荒之力注入这一口锅中融合相辅，这道菜就完美了。

作为烹饪术语的“炖”，是指把食物原料加入汤水及调味品，先用旺火烧沸，然后转成中小火，长时间烧煮的烹调方法。菜肴呈现出半汤半菜，质地酥烂，原汁原味，味道浓厚的特点，正如炖菜。真正的炖菜入口后首先是鲜，这味道像是把大兴安岭的味道都融了进去，然后是各种食材碰撞出的浓香，吃到最后，就只剩一个长长的饱嗝。

乱炖的基本构成=东北当季蔬菜+肉+主食≈有啥放啥

肉：

炖菜里是一定要有肉的，但放什么肉，还是那个原则：有啥放啥。过年杀猪的时候吃杀猪菜，猪肉血肠炖酸菜，酸菜切成细丝，飞刀切出整齐的白肉和血肠，大火狂炖。偶尔炖炖自家养的鸡鸭鹅，又嫩又滑又香。

菜：

炖菜，菜香很重要，把本有的菜香做没了的菜，就等于失败。所谓乱炖的灵魂就在于此，越炖越香，乱炖最好吃的时刻，一定是最后一锅乱炖里的，犄角旮旯里软烂到不行的碎蔬菜。

夏秋吃新白菜、新土豆、新茄子、新豆角，备菜也各有不同，豆角一定要把两边的“筋”摘干净，不然吃起来塞牙，茄子要切成滚刀块，方便入味，而土豆的刀法不能像茄子一样是硬生生的滚刀块，要半切半掰，让土豆与汤汁的接触面变大，炖起来更“面”。

冬春吃冬储菜和晒干的蔬菜，冬储菜不用多说，无非就是萝卜白菜土豆，但是干菜就有很多可以讲的。干菜，由于一年只生长一茬庄稼，从前从农历的立冬到来年的四五月间，地里青黄不接，在严冬吃上一口新鲜蔬菜，简直就是一种奢望。所以，就有了农家晒干菜的习俗，存储下来的各种干菜，几乎可以从冬天吃到来年春夏。而干菜最好吃的吃法，就是炖。

常见的炖菜有豆角丝、萝卜片、土豆片、茄子条、干白菜等，凡是可以晒着吃的，都可以作为干菜放在锅里炖。干菜吃起来干香浓郁，口感或劲道或脆爽，很有嚼头，且越炖越香。

主食：

除了米饭，有的炖菜还会把主食放在里面做成一锅出，一般是花卷和贴饼子。

白白的花卷铺在炖菜上面，吸收了炖菜的汤汁，简直美味；贴饼子是用玉米面做的面食，和成面团贴在锅边，跟炖菜一起出锅，贴饼子上面香甜，底层焦脆。

心急熬不了好猪油

生活不容易，还好有猪油。

文 何钰 ┆ 插画 xrc

中国人其实从很早就吃猪油了，《周礼·天官冢宰》里说“秋行犊麛，膳膏腥”，膏腥就是猪油，吃饭讲究的古人深知秋天是吃猪油的绝佳季节。而打着医药的幌子实则是美食家的李时珍，曾在《本草纲目》里提过 30 多种用猪油做药的方子，证明猪油不但好吃，还能治病。

除了吃，猪油还很美。明代德化窑出产的白瓷是出了名的，色泽光润如脂似玉，叫作“猪油白”。放在人身上，如果有人说你是“猪头”，你会觉得他在骂你，但如果有人说你皮肤赛猪油，那就是夸你皮肤细腻白皙有光泽。

其实几十年前，猪油是稀罕物。

迟子建的《一坛猪油》里，有两个场景令人动容。一是潘家大嫂用房子换了猪油，二是猪油坛碎了，她还不顾一切地把能吃的猪油抠出来塞进包里。在那个吃食还靠计划分配的年代，人们买肉宁要肥肉也不要瘦肉，就是因为肥肉能熬油，如果谁家和卖猪肉的关系好点，拿到的肥肉就会多点，猪油是最后的储备粮。作家邓贤回忆自己下乡当知青的时候，曾有一次一口气喝下“散发着阵阵香气”的猪油，可见猪油有多重要。

现在家家户户吃上猪油都不难，但对于那时候的人们来说，一盘猪油炒菜就是难得的美味了，若是还能吃到一份猪油渣，当真能乐一天。他们对猪油的向往，带着一种对美好生活的憧憬。

熬猪油不算难，就看你有没有耐心了。

小时候很喜欢看家里人熬猪油，整个厨房很安静，只有板油在锅里不断出油发出的滋滋啦啦的声音，那种声音特别好听，是记忆里只有家里的厨房才会有的声音。

刚熬出来的猪油是流动的浅金色的，很有光泽，慢慢冷却的猪油逐渐凝固，像起了一团白雾一样，变成柔软滑嫩的固态，看起来很美好。雪白的猪油晶莹柔软，带着浓厚的味道。猪油有种化腐朽为神奇的功能，只一勺就能让整道菜更美味。

猪油和米饭更是绝配。焖好的米饭盛进碗里，放上一块猪油，淋上拌饭酱油，撒上葱花，搅拌均匀，香味扑鼻。看着猪油在热腾腾的米饭上逐渐化开，口水还没流出来，眼睛已经馋了。

猪油带来的记忆总是很美好，对于父辈来说，猪油可能是对富足生活的向往，或者是一点生活中难能可贵的小确幸。对于我们来说，没有生活在物资匮乏的年代，猪油更像是“回家的味道”。

如今天气变凉，是时候赶紧熬一盆猪油了。

如何获得一盆完美猪油

① 猪板油切成 3 厘米左右的小丁。

② 水加到板油丁的 2/3 处。想要得到一盆白净的猪油，加水很重要。

③ 小火慢熬，不时搅拌。

④ 当板油丁变成微黄并且漂在油里时加盐。

⑤ 当板油丁微焦。缩小到原来的 1/3 大时，就可以把油渣捞出。

⑥ 倒入你家的搪瓷盆里。

熬猪油一定要注意：

1. 有人爱放生葱姜，觉得可以提鲜去味，但有人不接受，因为加了姜的猪油容易变质；
2. 干出油，是直接把板油放锅里熬，这样猪油有焦香，但火候不好控制，容易熬过头；
3. 油出油，是把板油放在其他油里熬，这样的猪油更香，但容易发酸。

就“酱”吧!

对于平时没时间下厨做饭的人来说,下饭酱简直就是人类之光。

文 福桃编辑部 | 摄影 栗子

①

天山雪莲

辣椒丝

辣中带甜,口味柔和,新疆天然的厚皮肉质辣椒自然发酵出甜味,完全可以空口吃。

②

饭扫光

野蕨菜

四川之宝饭扫光。吃一口,米饭立刻一扫而光,光是名字就让人很有食欲。下饭菜系列选用的食材全部来自山野珍品:野山菌、野竹笋、大头菜、木耳、野蕨菜……尤其是野蕨菜浸泡在秘制红油里,一口咬下去韧劲十足,用料也实在,一勺挖下去满满全是蕨菜。

③

吉香居

香菇牛肉多

辣度适中,特别适合想吃辣还不太能吃辣的人,里面的牛肉粒不仅大块还多。炒饭的时候也可以加上一勺,口感会丰富不少。

④

阿表哥

干巴菌韭菜花

霸道的小米椒,鲜美的干巴菌,浓郁的韭菜花,拌一拌放在一起,酸、爽、脆、甜中带点微辣,边想象边分泌唾液。你也说不出它神奇在哪儿,就是带着云南食物让人欲罢不能的劲儿,配碗白米饭,米饭成了配角。

⑤

汤妈妈

贡菜脆椒

最初买这个，是为了做剁椒鱼头，做了一次鱼头后，它就搁置在阴暗的角落，直到一个炎热的夏天，早上喝粥苦于没有辣酱和咸菜，瞥见了它，舀上一小碟，扑鼻就是发酵得刚刚好的酸辣味，特别开胃。

⑥

宏潭

碳烤腐乳

质地偏硬，轻而易举就可以从瓶内挑出完整的一块，免去强迫症戳烂腐乳的烦恼。早上就着白粥，先吮掉外面的辣酱，然后咬下一角，外表微硬有弹性，辣酱油染红一碗白粥，两粒就能吃一碗。

⑦

久久红

香辣虾仁酱

满满一罐小虾仁，口感酥软，麻辣鲜香。曾经在无数个没事儿干的暑假午后，鬼使神差地走到厨房打开香辣虾仁酱，专挑里面的虾仁出来吃，五分钟一趟，一个下午，一瓶虾仁就被我挑拣得差不多了。

⑧

得利斯

猪肉辣酱

得利斯是山东“90后”们的集体回忆，从装在玻璃瓶里的火腿肠罐头再到这瓶猪肉辣酱，都是他们的心头好。这款辣酱是能让人记住的辣，不是油油水水的假辣酱，酱香味浓郁，拌饭拌面都是一把好手。如果刚好一口吃到埋在酱里的猪肉丁，一定能足足回味三秒！

⑨

湾子

青椒鸡丁

除了宇宙级别的拌饭神酱“老干妈”，在贵州这片土地上还有很多好吃的下饭酱。比如本土特产的青椒鸡丁辣酱，满满都是贵州人的家乡味，入口仿佛吃到了遵义的青椒肉末粉。青椒与鸡丁的相遇，注定是不平凡的，青椒的辣，辣到提神醒脑，鸡丁的嫩，嫩到直咽口水。

日啖一煲白米饭，不辞长作岭南人

米饭在广东人锅里的百种变换方式。

文 黄尽穗 | 插画 xrc

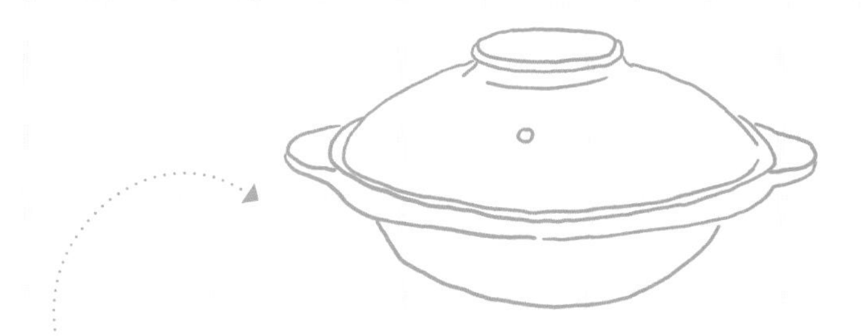

煲仔饭

小时候，我家楼下有一条小吃街，母亲偶尔不想下厨，就会带我去那条街上解决晚饭。街道窄而乱，每到饭点，沙县小吃、云吞面、及第粥、肠粉、牛肉面店都会使出浑身解数，用各种香气挠人心肝。但众香之中，总有一种带着烟火味的香气脱颖而出，伴随激烈的滋滋声响，把人勾向街角那一家专卖煲仔饭的小饭馆。

饭馆门面很小，只容得下四五张小桌，门口矗着一台有多个灶眼的老式燃气灶。做煲仔饭的师傅是个微胖的中年男子，常年穿着条纹 Polo 衫，左手戴着防烫的白手套，手套的手指处已经被烟火熏出黑黄渐变的颜色。有食客点单，他就拿来两个砂煲，扬手倒入一勺事先浸泡好的米、一勺清水，再举起点火枪对准灶眼，蓝色火苗"哧"地窜出，仿佛魔杖发射出某种隐秘的魔法，煲仔饭的烹饪就开始了。

一份煲仔饭从点单到出锅，通常要等上 20 来分钟，但它极具观赏性的烹饪步骤，把这个过程变成了一场声色并茂的表演。火苗热烈舔舐着砂煲，细密水泡在锅沿飞速生成又破灭，米香悄悄钻出来，构成煲仔饭香气的底色。然后是加料。腊肠油润润，牛肉滑溜溜，放入煲中盖好，不一会儿就被热度逼出油脂和香气。此时沿着锅边淋下一勺油，锅里会迅速炸出激烈的脆响，那是金黄锅巴生成的暗号。为了让煲底均匀受热，师傅还要不断转动砂煲。砂煲的手柄那么短，师傅的手离火焰又那么近，即使戴着手套，也让观众看得有些惊心动魄。

在这场表演的最后，师傅通常会往砂煲里打一颗蛋，夹两根青菜，再配上一碗例汤，一份煲仔饭套餐即宣告完成。坦白说，那家店用的腊肠并不算太好，火候也不总是恰当，但因为有细长干爽的丝苗米饭，整煲食材都变得生动起来。半流动的蛋液、丰润的油脂、咸鲜的酱油，众星拱月托出米饭的甘香，丝苗米咀嚼起来有硬朗的筋骨，在煲底的那部分，经热油一煎，形成的薄薄一层金黄锅巴，更是松脆动人。吃到最后，偶尔有些偏干硬的锅巴，泡到汤里，又可以获得一重硬脆中带酥柔的口感。这些华丽体验一环扣一环，接踵而来，简直让幼时的我目眩神迷，过了许多年依然记忆犹新。

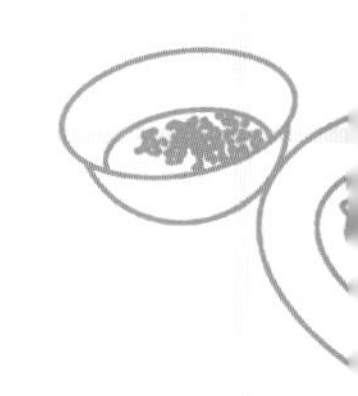

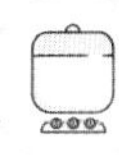

炣饭

广东人总是有办法做出好吃的米饭。岭南气候湿热，稻谷一年两熟，自古多产好米。见于古籍记载的，就有“香红莲”“珍珠稻”“秋分粘”“蝉鸣稻”等品种，想象中都是诗意十足的风味。如今广东产的名米，以丝苗米和油粘米为主。丝苗米表面丝滑有光泽，油粘米则是油脂含量高，煮熟后放在纸上能留下油迹。两者都是身量细长、两头尖尖、质地香滑爽口的品种，与圆圆胖胖的东北米大异其趣，用来做干爽焦香的煲仔饭，或是镬气十足的炒饭，再合适不过了。米够好，吃米饭的花样自然也多，陆游《老学庵笔记》引唐代文献《北户录》云：“岭南俗家富者，妇产三日或足月，洗儿，作团油饭，以煎鱼虾、鸡鹅、猪羊、灌肠、蕉子、姜、桂、盐豉为之。”用鸡鸭鱼肉、肉肠、盐豉来给饭调味的思路，跟煲仔饭有异曲同工之妙。而“团油饭”的另一脉后代，则很有可能是潮汕地区的炣饭。

“炣”的本意为“火”，在潮汕话里，却是搅拌的意思。炣饭的做法，像是拌饭、炒饭和焖饭的杂糅体：把各种各样的配料切成小丁，下锅过油，炒到将熟，另一边米饭煮到快收干水，炒好的配料放入拌匀，再盖上盖焖一会儿，即可出锅。加进炣饭里的配料，可以粗略分为两大流派：一类是虾仁、腊肠、肉丁、香菇，或是最平民的咸菜碎，负责或鲜或咸的种种口味；另一类是芋头、板栗、红薯、花生、玉米等，和当年新收的稻米一起，冒着实墩墩的淀粉香。

煲仔饭属于街头人声鼎沸的饭馆，炣饭则通常属于自家烟火缭绕的小厨房。母亲是潮汕人，每到冬天总会在家做几次炣饭。铁铲与铁锅叮当碰撞，食材过油炒制，激出微焦的利落香气，再拌入米饭一焖，又酝酿为一朵带着饭香的云，一开盖就热腾腾迎面扑来。潮汕人把炣饭也叫作“香（音攀）饭”，想来确实贴切。据母亲说，从前物资不太充裕的年代，炣饭是年节专属的珍贵食物。九月初九，或是立冬时节，把家里杂七杂八的边角食材凑一凑，做成一大鼎（潮汕话对“锅”的称呼）炣饭，一家人围着热气腾腾的一锅饭，米香、芋香、咸菜香化作具体的水汽，把餐桌上昏黄的灯也衬得柔和明亮。

鸭仔饭

粤西的湛江有一种鸭仔饭，也是旧时平民的草根美食。前些年，广州一家卖湛江鸭仔饭的老板成了网红，据说家里有十栋楼收租，卖鸭仔饭纯凭兴趣，一份套餐 12 元的实惠定价，也让许多人感叹“有钱任性”。其实在湛江本地，鸭仔饭本身就是定价低廉的快餐。鸭子生长期短，通常卖得比鸡、鹅便宜，落到湛江人手里，更是被利用到极致：处理好的鸭，在大锅里浸烫至熟，即可白斩。烫鸭的汤水带了肉鲜味，正好用来煮饭，能把米粒煮得又松又香。剩下的鸭汤再配些鸭血、冬瓜、西洋菜之类，和鸭肉、鸭汤饭一起呈上，再配一碟土榨花生油、蒜蓉、酱油调成的蘸料，就是一份要素齐备的体面快餐，感觉像是鸭的精魂散入每一道菜里，再以某种奇妙的方式在你的胃里团圆。

犹记得第一次和朋友去湛江玩，遇上一家据说历史悠久的鸭仔饭小店，眼大肚子小地点了鸭腿、鸭头、鸭肠、米饭、冬瓜鸭汤，满满当当摆了一桌，只花了四十来块钱。鸭肠脆爽，鸭血弹嫩，白切鸭肉有柔和的嚼劲，鸭汤饭闪着隐秘的光，入口就化出淡淡油香。两人最后吃得直挺挺靠在椅背上，打嗝都是浓浓的鸭味儿，听着师傅落刀斩鸭的声音在砧板上爆开，相视一笑，心里想的都是：“下次，还要来湛江吃鸭仔饭！”

菜饭的味道是自私的

文 何钰 | 插画 Tiugin

Ⓐ 绿叶菜

首先是绿叶菜，江南的时令蔬菜很多，一年四季吃的绿叶菜都不尽相同。而这一年四季都吃的菜饭，自然要放进不同时节的绿叶菜。

荠菜（1月~2月）

芥菜（8月~9月）

马头兰（3月~4月）

茼蒿（10月）

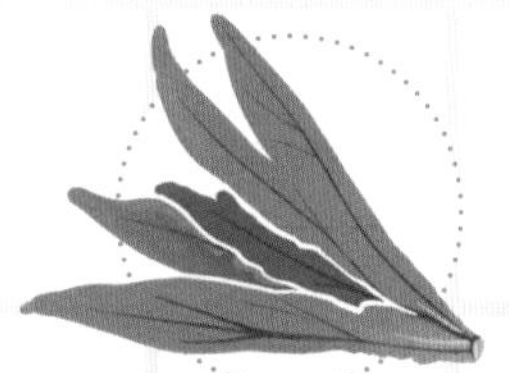

莴苣叶（5月）

油菜（11月~12月）

苋菜（6月~7月）

Ⓑ 其他蔬菜

除了绿叶菜，
其他蔬菜也是可以任凭喜好添加的。

毛豆

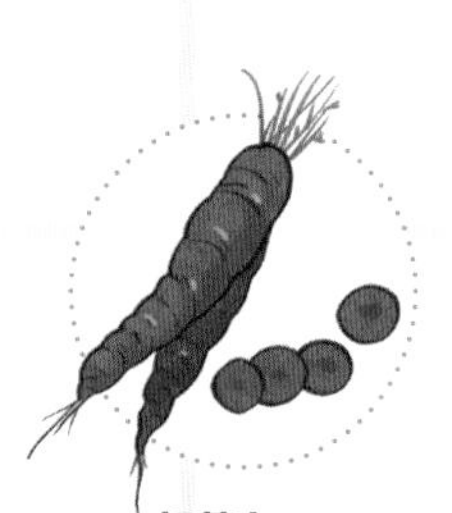

胡萝卜

笋

花生

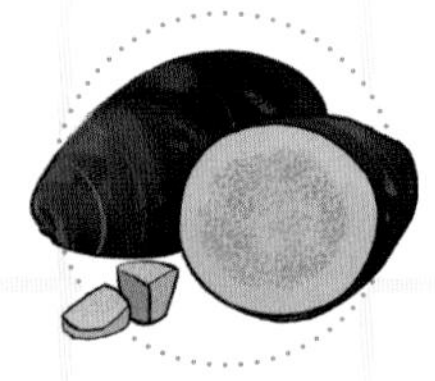

芋头

水芹

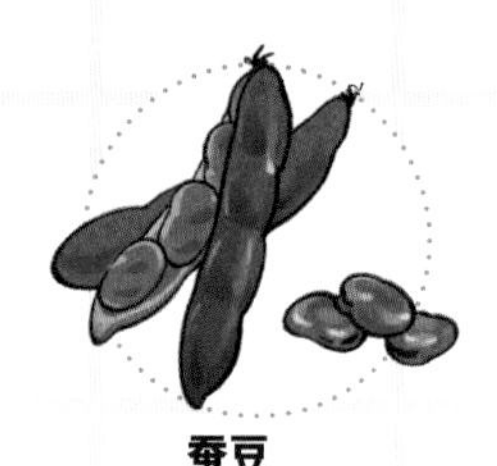

蚕豆

菜饭说普通确实普通，但要说特别，也有些特别。

每家都有自家独特的食谱，菜饭其实是不规定食材的，你爱放什么，就能放什么。

Ⓒ 肉

菜挑好了，
接下来就是肉了。

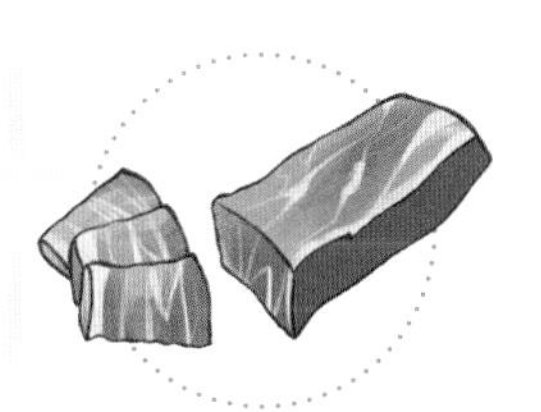

咸肉

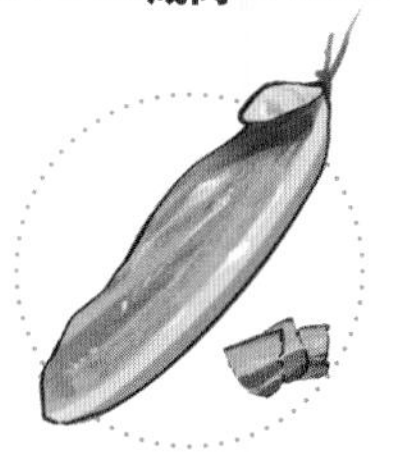

腊肠

腊肉

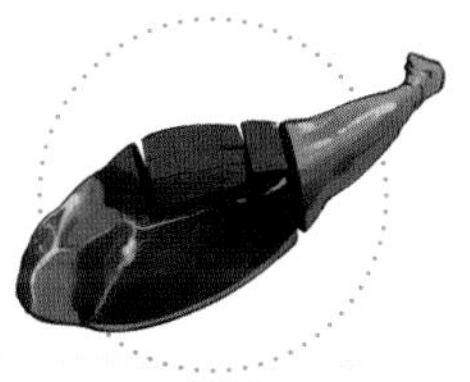

火腿

Ⓓ 汤

吃菜饭怎么能不配汤？

骨头汤

黄骨鱼豆腐汤

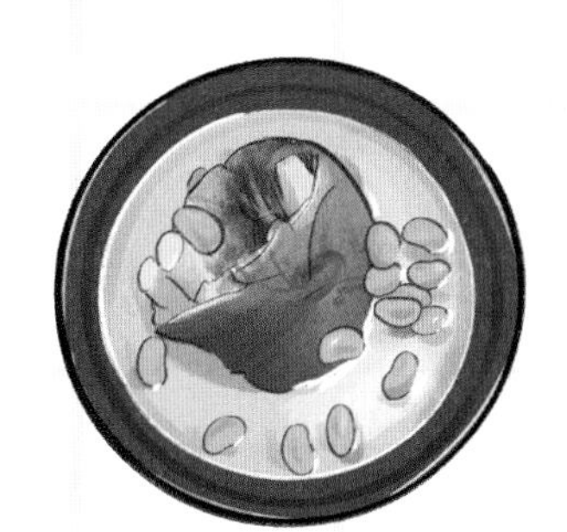

黄豆猪蹄汤

腌笃鲜

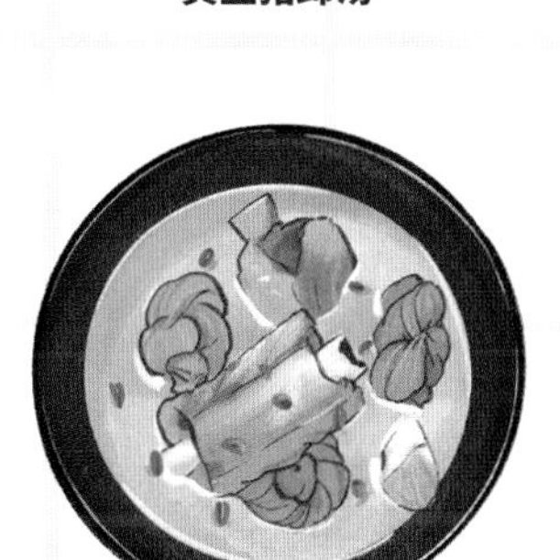

百叶结排骨汤

如何练就一碗好吃的菜饭？

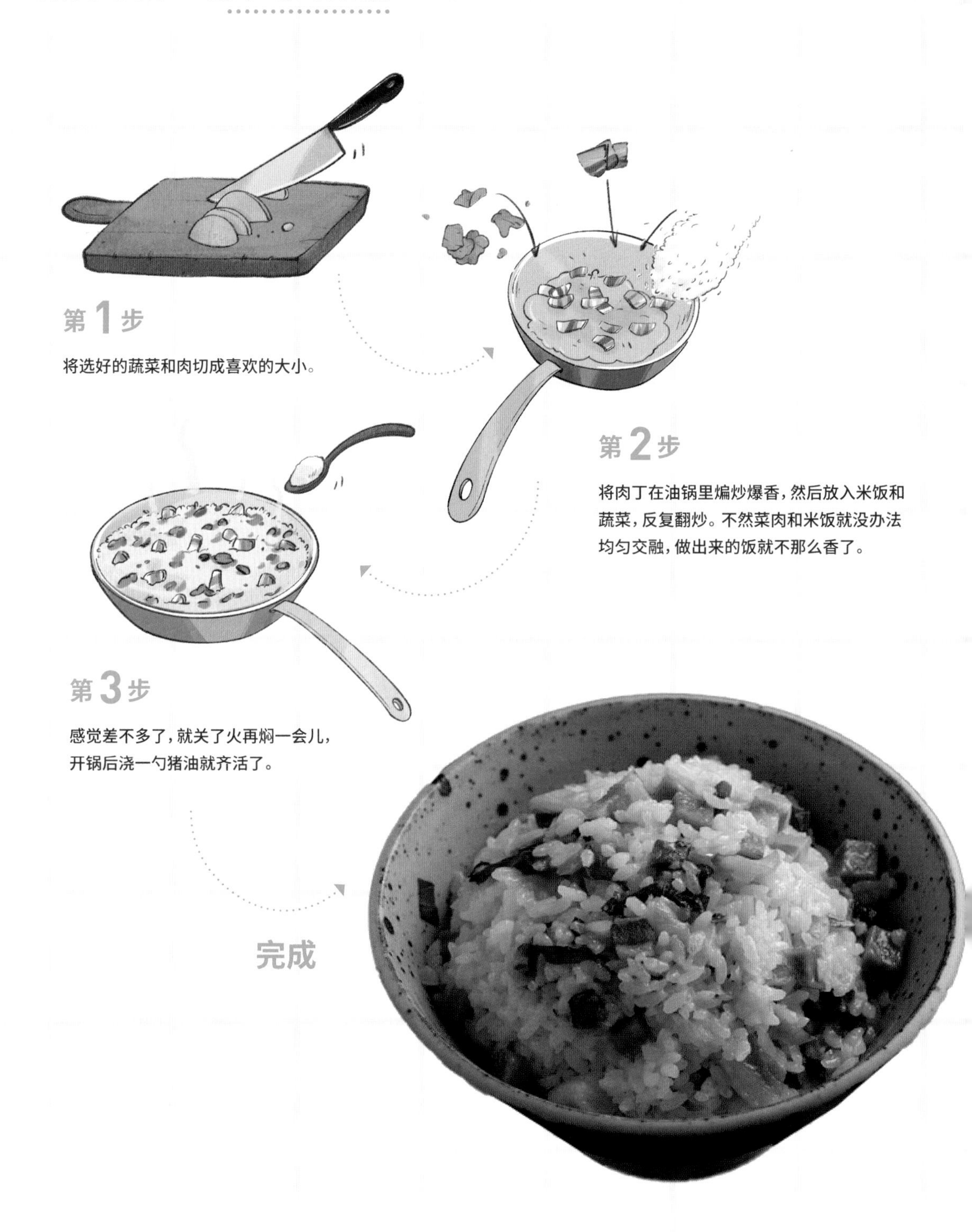

第1步
将选好的蔬菜和肉切成喜欢的大小。
第2步
将肉丁在油锅里煸炒爆香，然后放入米饭和蔬菜，反复翻炒。不然菜肉和米饭就没办法均匀交融，做出来的饭就不那么香了。
第3步
感觉差不多了，就关了火再焖一会儿，开锅后浇一勺猪油就齐活了。
完成

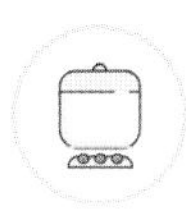

作为一个北漂的江南人，难得回家，总也吃不到家里的食物。

“马上中秋了，是不是特别想家里的螃蟹和鲜肉月饼?”

“我想吃菜饭……”

“不就是青菜拌白米饭吗?有什么好吃的……”

在外地人眼里，菜饭还真是有种肉眼可见的不起眼啊。大部分人都知道江南好吃的多，从河底泥里的吃到往天上飞的，去哪儿吃鱼去哪儿吃面，这里的时令蔬菜那里的新鲜瓜果，还有各种小吃和糕点，掰着手指如数家珍，顿顿不重样。

可我惦记这碗普通的菜饭可不止一天两天了，自家饭桌上刚出锅的菜饭，在我 20 多年的记忆里根深蒂固，每次吃都觉得无比幸福。对菜饭的那种特殊情感，是家乡别的食物不可替代的。

很多没吃过菜饭的人，觉得菜饭这种吃食又便宜又普通，怎么可能算经典美食呢?菜饭确实有点朴实，家家户户都能做，本身无名无姓无地标，是个三无产品，没代表性，也无法突出表达江南水乡的鱼米之情。

但你永远也不知道，这么普通一东西，在江南人的心里，怎么就那么的美若天仙。至少在美食种类令人眼花缭乱的江南各大城市，只要提到菜饭，还是不敢说不在乎的。大概是特有的家乡情结给菜饭铺上了一层滤镜。

街头巷尾总有那么一两个馆子，是做菜饭的，门是半透明的推拉门，玻璃上用即时贴贴着招牌。一点也不花里胡哨，“百年老字号”“传统手艺”这些名头统统都没有，就只有“菜饭”两个大字，清冷得像菜饭里的莴苣叶似的。

可单单这两个字，就足够了。

馆子一般不大，到了夏天偶尔在屋外头摆两桌露天的，店主往往是摇着蒲扇的老太太。老太太手艺好，动作还利索，一碗菜饭配一碗咸骨头汤，十几块钱，不贵。要是还想再喝一碗汤，那就加两块钱，运气好能啃块有骨髓的骨头。

归乡的游子下了火车，迎面扑来的水汽混着家乡特有的味道，父亲把行李箱装进后备厢：“家里没饭了，出去吃口吧。”风尘仆仆地来到菜饭的小店，15 块钱，一碗菜饭加一碗骨头汤，不多不少正好吃饱，在汤的热气里数完了老父亲额上的抬头纹，才算终结了不知道攒了多久的乡愁。

毕竟菜饭在很多人心中，是最有“家”味的食物。无论是深更半夜的街头小店，还是阿婆沐浴着黄昏的小厨房，一碗菜饭把人的所有感官都柔化了，这是一种无法跟别人说的情感。因为每个人心中对菜饭的记忆，它的形态和味道，都是独特的，是只属于自己的。

“别人的菜都是青的咯，为什么我们家的都黄了。”

“个么要好看才最后几分钟放青菜的好伐，要好吃一开始就要放进去啦。”

无论在哪里，见到菜饭都能有一种见到亲人的感觉。

虽然江南的螃蟹很好吃，最近也有香酥的鲜肉月饼了，但是我心里最是家味的食物，只能是一碗菜饭，在北京复刻了一锅，心道等冬天的青菜打过了霜，如果那时还没回家，就再做一锅吧。

乡愁倒不是总在心里的，但一碗菜饭却着实能让人心头滚烫，多少有点归属感吧。

小粥小菜：每一碟，都是吃粥的好借口

有时候，吃米不是因为饿了。其实我们只是想找个理由吃小菜。

文 毛晨钰 ┆ 摄影 高忆青、孙云镝 ┆ 图片 视觉中国

对江南人家来说，早起的辰光十有八九是在一碗粥或者泡饭里化开来的。油条豆浆当然也是有的，不过只是偶尔的改改口，老辈人觉得最正宗的早饭，就该是“饭”演化而来的。

某种意义上来说，早饭只是“挂名”，真正的功夫在那碗粥之外。有很多人见识过日本早餐的隆重，盘盘碟碟非得铺陈开半桌才能显出主妇的用心。在江南，佐粥小菜可一点也不输于这种阵仗。

在江南，超市里售卖的袋装榨菜并非粥的良配。它们自有更好的去处：在懒得煮汤的午饭时间，拆开一包，潦草挤进汤锅里，打散一两个鸡蛋，搅和成一锅榨菜蛋花汤。只有实在没别的选项，榨菜才能作为小菜上桌。

每到早上吃粥，家里的大人总要从橱柜深处掏出几只系牢的袋子。它们通常只会在清早被打开，其余时候只兀自在角落里静静挥发出混合着酱、蔬菜的气味，既清且深厚。袋子里装的往往是四五种下粥酱菜。切成片状的是酱到发黑的大头菜；只有手指粗细的乳黄瓜歪歪扭扭打着蔫儿；宝塔菜颗颗分明，是造型最别致的小可爱；萝卜干是为数不多保持干爽的，呈现出落叶一样的嫩黄色。

哪怕只是一碗白粥，也要拿出三四样小菜来配。这是江南人家过日子的细巧。喝起粥来，其实全中国的人都不至于太敷衍。南北酱菜、潮汕咸杂、川渝泡菜、红白腐乳……每一处都是繁忙生活里偷来的一点闲情。

什么东西都可以拿来酱

汪曾祺曾说："中国好像什么东西都可以拿来酱。萝卜、瓜、莴苣、蒜苗、甘露、藕，乃至花生、核桃、杏仁，无不可酱。"

不管南北，酱可以搞定一切小菜。粗粗分个类，便是南北两味，北方酱菜偏咸，南方酱菜爱甜。

就拿北京来说，酱园还可分为三大类：一是山西人开的老酱园；二是京酱园，比如天源；还有山东人开的山东屋子，比如桂馨斋等。北京酱园中名声最大的，大概要数位于前门外粮食店街的六必居酱园，创办人是山西临汾人。清末时期，就有《竹枝词》写道："黑菜包瓜名不衰，七珍八宝样多余。都人争说前门外，四百年来六必居。"

六必居一般都是自制酱菜要用的黄酱和甜白酱。除了招牌的甜酱包瓜，还有甜酱姜芽、白糖蒜、甜酱八宝荣、甜酱什香菜等。20 世纪 20 年代末，黄金时期的六必居甚至为了方便顾客购买，把店门直通前门大街的一小段路权买了下来，人称"六必居夹道"。

距离北京不远的保定，也以酱菜出名。梁实秋就收到过保定酱菜作为伴手礼。油纸糊的篓子里，是什锦酱菜，有萝卜、黄瓜、花生和杏仁。吃起来，"比北平的大腌萝卜'棺材板'还咸"。

跟北方的重口味略有不同，南方人偏爱甜津津的酱菜。

对很多南方孩子来说，上学时吃早饭，最习惯的就是捧出一个"三和四美"的玻璃酱菜罐子。这是制霸长江三角洲的酱菜，来自扬州。据《扬州物产志》介绍，从隋唐时候起，扬州就盛产萝卜头、黄瓜、螺丝菜、生姜……在当地出土的唐代文物里，腌制瓜菜的各种泡菜坛随处可见。

如今的三和四美，起初是梁家酱菜公司，分别是三和酱菜公司和四美酱园。四美酱园开业于清嘉庆年间，制作的酱菜鲜甜脆嫩，三和酱菜则始于民国，在当时更是一马当先引进罐装技术，远销海内外。

三和四美的酱菜，是极适合摆在货架上的。一眼望进去，卤水澄澈，乳黄瓜和宝塔菜浸在其中，也荡涤出几分娇俏。罐装酱菜有着绝佳的脆嫩口感，吃在嘴里咔哧咔哧作响，酸甜度适中，比起下粥小菜来，似乎更有成为零嘴蜜饯的潜质。

更老一辈的人，钟爱去酱菜店里溜达采买，自带家伙。

印象中，酱菜店总是缺了那么一盏灯。走进去黑黢黢，像是被日积月累的酱香熏黑了。十来个陶罐在店里陈列开来，口封得紧，往里探去，看不分明。但只要你向掌柜的报上名字，大头菜、萝卜干、什锦菜，他总能分毫不差一一夹出。现在的酱菜店，已经有了新气派，至少店面是亮堂的，酱菜罐子是青花瓷的。唯一没怎么变的，就是掌事的师傅大多讲一口软糯苏州话。

江南多古镇，而古镇多酱菜。最有风韵的苏州自然也有一支酱菜文化，比如名声在外的吴江大头菜；也有稍微冷僻些的甪直鸭头颈萝卜，吃起来肉嫩还有韧性；腌制时还会抹一层黄豆面粉的平望乳黄瓜。

不只是在苏州，江南人家总得有一口酱菜缸子。

记得那时候每到夏天，家里老人就会买来甜面酱。新摘的黄瓜、水瓜，肥大饱满，一口下去飙出汁来。去籽，切成条状，初腌晾晒，抹上厚厚的甜面酱，埋进缸里，以纱网封口，防止蝇虫寻味而去。每天午后，太阳最毒辣的时候，就把酱缸搬到屋前空地正中央，任其享受无死角的"日光浴"。这样酱出来的黄瓜，吃起来口感更肥厚，也更有韧劲儿。

夏天适合酱菜，冬天也不能闲着。

中国人向来就有酱腌蔬菜的智慧。《诗经·小雅·信南山》中就有记载:"中田有庐，疆埸有瓜，是剥是菹，献之皇祖。"北魏贾思勰的《齐民要术》中也有专门的《作菹》篇，就专门记录了29种腌菜的方法。

天气转冷，就到了囤粮的时候。地里的大白菜收下来，吃不完，就能做成腌菜。在苏杭好些地方，都有这样的"冬腌菜"。

白菜先要简单腌制，一棵棵挂在晾衣竿上，保持直立状态，以便盐分更好地渗入菜心。晒了两三天的白菜码到一口大缸里，接受生活的摩擦。是的，这是在今天看来，几乎有些不可思议的操作方式：得有一个人进到缸里，赤脚踩白菜，直至菜汁渗出。

在我家，总是爷爷来完成这项有味道的"行为艺术"。据说，并不是每个人都能担负起这个任务。有一个说法是"属鸡的人踩出来的才更好吃"，也有说法是越是汗多，越是臭脚，踩出来的腌菜才越鲜香。

也许对当时还年幼的我来说，根本顾不上仔细辨别踩出来的腌菜到底好吃了多少。我的大把精力都在监督爷爷是否把脚洗干净，以及怎么样说服他，让我也踩两脚腌菜。如果真的踩出来的腌菜更好吃，那平添出来的几分滋味，一定来自一双神奇的脚。

踩好的白菜要用毛竹片加石块压上，在阴凉通风的地方待上20天。时候一到，取出一两把，切成碎丁，拿来炒冬笋片或是青豆，不仅配粥，就是拿来下饭，都毫不露怯。

打开那个泡菜坛子

等不及酱菜，那么不妨用泡菜下粥。

在我家，有时候想吃点新鲜爽利的，就会做上一盆泡菜。紫甘蓝、白菜切成块，加入白醋、糖和盐等调味，只消澄上一两天，就能相当入味。舀两勺在热粥上，既能快速降温，酸辣口感又很是开胃。

说到泡菜，就不得不提四川。四川人爱泡菜，那是出了名的，甚至可以说，如果没有泡菜，川菜的精气神得没了一大半。

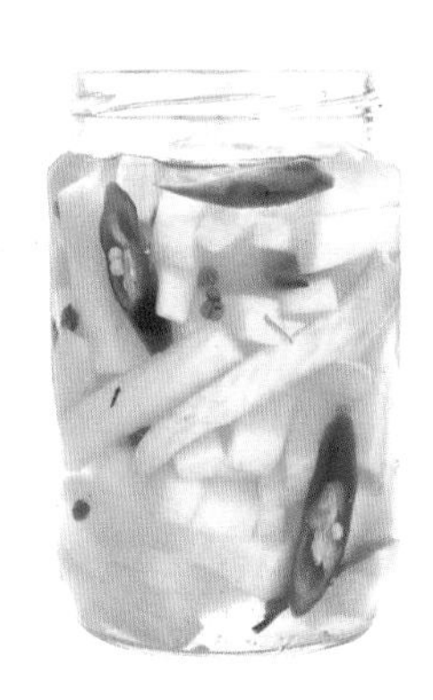

尽管在泡菜的王国，也有云南曲靖的韭菜花、贵州镇远的陈年道菜，但对大部分人来说，稍有些陌生。环视一周，能叫得出名号的大多是宜宾芽菜、南充冬菜、涪陵榨菜。早在清末的《成都通览》里，就有这样的记录："咸菜，用盐水加酒泡成，家家均有。"咸菜，就是我们现在说的泡菜。只是在这本成都市井生活的百科全书里，当地泡菜就有 50 种。

泡菜，不仅是小菜。清朝时的川南和川北，民间就流行把泡菜作为嫁妆之一，直到现在，四川的一些地方依然有这样的习俗。带着泡菜出嫁，它对于四川家庭生活的重要程度就可见一斑。

走进四川人家的院子，总能在墙角、廊下找到整齐排列的泡菜坛子。这是川味的灵感来源。要想有好吃的泡菜，一口好坛子是必备的。在四川，比较出名的泡菜坛子就有隆昌一带用岩浆作坯料烧制的"下河坛"和彭州桂花一带以黄泥浆为坯料烧制的"桂花坛"。

挑选泡菜坛也是门技术活儿。"约水"就是把坛子压在水里，观察内壁有没有砂眼或裂纹；"吸水"就是在坛沿先倒一半水，把纸点燃放到坛中，盖上坛盖，看沿内的水是否被最终吸干；"听声"就是用手敲击坛子，如果发出清脆声响，就说明是口好坛子。

四川泡菜，讲求的是浸泡，可以说是真正意义上的"泡菜"。

在制作过程中，虽然会用到各种佐料、香料，但拿来泡渍的主要还是盐水。当地人经常用自贡井盐来兑盐水，这种盐颜色白净、颗粒细，很适合拿来做泡菜。在四川人民的泡菜坛子里，花花世界皆可泡。莴笋、豇豆、黄瓜、洋葱、萝卜、辣椒等是基本配置，还有不怎么常见的泡香瓜、泡木梨、泡土豆等。

泡的食材不同，用处也不尽相同。

四川泡菜里，就可分为泡调料菜、泡下饭菜和泡滚水菜。诸如红辣椒、嫩姜、大蒜这些，通常作为川菜烹饪的调料，为料理增添风味，倒并不一定会空口拿来吃，所以是调料泡菜。萝卜、葱头、青菜这些常见的泡渍蔬菜则是下饭菜。平日餐桌上，要是少了一碟小菜装点，日子过得精细的人家就会打开泡菜坛子，取出几棵葱头或是萝卜，切成小块，赏心悦目，清新开胃。即便只

是喝粥，有了这些缤纷泡菜，也丝毫不会觉出寡淡。

“滚水菜”可以视为“快手泡菜”，专门指赶急泡一下，保留生脆口感的泡菜，基本上只要泡渍上一晚就能吃。在重庆也叫“跳水泡菜”，成都人将其称为“洗澡泡菜”。比如萝卜皮、莴笋条，久泡之后会发酸，就宜做成跳水泡菜。

春节时候，一些成都家庭的年夜饭最后就会由一锅鸡汤泡饭配上几碟红油泡菜收尾。萝卜皮、豇豆、胡萝卜，码在一处，红白好看，淋上熟海椒油，一整年都丰润美好。

杂咸里的生活智慧

世界上如果只有一群人会专心喝粥，那大概就是潮汕人。

粥对其他地方的人来说，或许只是早饭、晚饭的选项之一，而对潮汕人来说，白糜就是无可取代的至高美食。水加足，用猛火，煮至米粒将将要爆，用余热催化，米粒下落，粥浆浮起，这才算是一碗漂亮的潮州糜。潮汕人吃白糜，专得很，既吃得专心，也吃得专业。下粥小菜，不是别的，正是让人恨不得挑到一锅白糜彻底凉凉的“杂咸”。

潮汕地区的人，哪怕是在整个中国看来，都是极具生存智慧的。他们勤劳敢闯，会持家，有眼光。这样的一群人，永远对生活带有某种忧患意识。杂咸，或是这种个性的衍生品。在丰收的季节里，潮汕人总会把吃不完的蔬菜、水产腌渍起来，以备不时之需。这些腌制品就被统称为“杂咸”，种类杂，滋味咸，用来送饭，才是绝佳。到现在，各色杂咸已成专门的“杂咸铺”，种类多到迷人眼。

那些叫不出名字的杂咸基本上可以分为三大类：蔬果、海鲜和豆类。

蔬果里有脆瓜、乌榄、橄榄糁、酱瓜等。其中被称为“三巨头”的是咸菜、贡菜、菜脯。制作咸菜时，用的是肉厚质脆嫩，且菜柄柔软的芥菜；制作贡菜则要挑选蕾大而不抽花的芥菜，香气可以熏倒人。

就拿橄榄来说，只这一样，也能做出三种杂咸。拦腰切成两半，加入放了味精和蒜头膀的鱼露中腌制数天，就是一道“橄榄椺”；把橄榄和南姜末、花生仁等一起捶打至开裂，就是“橄榄糁”。而台风中吹落的嫩榄加入花生油和咸菜尾，煮到软烂，就是很多人都在超市见到过的“橄榄菜”。挑一筷子搁在粥里，油花散开，就一个字，润。

蔬果类的杂咸，除了能用来送饭送粥，还可以拿来跟肉类、鱼类同煮，杂咸的清新爽口能很好中和油腻的料理。喜欢喝汤的潮汕人就时常煲咸菜响螺汤，做咸菜炒猪肚等，而冬菜更是煲汤煮粥的重要调味品。

用黄豆、乌豆、花生这类食材制成的咸杂口感比较鲜甜。比较出名的还有白贡腐，是很多远行潮汕人心中念念不忘的家乡味。

身在海边，各色生猛海鲜当然也能拿来做杂咸。腌虾姑、腌咸蟹，无一不是送粥利器，而腌血蚶更是潮汕人的至爱。大到酒楼，小到路边摊，都供应这道杂咸，有时就连酒吧都能奉上一碟下酒。

很少有人会极尽赞美一碟小菜、一碟杂咸。它们是生活里最微不足道的所在。但这并不妨碍我们与它们日日相亲。正如与最亲的人总难以言爱，对最需要的食物，我们总吝于称扬，却愿意在这样的食物面前，敞开饥饿与疲惫。

剩饭拯救计划

没有一碗米饭应该被白白浪费。

文 李舒、令狐小 | 插画 xrc

对我来说，旅行途中忽然胃口不好是一件很可怕的事情，尽管它很少发生。

一个连看见食物模型都会流口水的姑娘，忽然在过街时看见对面大屏幕里的牛排下锅滋滋冒肉汁的画面，走过的女孩身上残留着烧鸟的气息，风吹过转角处烤红薯的味道……可是这些忽然都激发不了我任何欲望。唯一想吃的东西，居然是泡饭。

泡饭泡饭，不过就是拿水泡剩下来的米饭，讲究一点的在炉子上烧一烧，不讲究的直接用开水泡，谓之“淘饭”，在南京也叫烫饭，是不用火的。周作人回忆其早年在南京的求学生活时，念念不忘的是“饭已开过，听差各给留下一大碗饭，开水一泡，如同游是二人，刚好吃得很饱很香”，董小宛也爱吃水芹菜豆豉配“淘饭”，大约这种不烧的泡饭更类似日本茶泡饭。

但查了查，忽然发现其实这种做法是古法，谓之“水饭”。比如西门庆家，到了夏天，叫哥儿几个来家里吃午饭，从中午一直吃到了“掌灯时分”，从猪头肉卤面吃到鲥鱼枇杷，吃过茶，复上荸荠菱角果盘，走之前，还有一碗“绿豆八米水饭”。

这碗“水饭”，在南宋皇帝的宴席上，也是收尾之一。记录者是大名鼎鼎的陆游，他在《老学庵笔记》中保留了这份宴请金国使者的国宴菜单：“集英殿宴金国人使，九盏：第一，肉、咸豉；第二，爆肉、双下角子；第三，莲花肉油饼、骨头；第四，白肉、胡饼；第五，群仙炙、太平毕罗；第六，假圆鱼；第七，柰花、索粉；第八，假沙鱼；第九，水饭、咸豉、旋鲊、瓜姜。看食：枣餶子、膸饼、白胡饼、環饼。”

水饭是什么？著名学者俞樾在《茶香室丛钞》中说“水饭即粥也”，这个说法被很多地方引用，一时间，大家都以为，水饭大概就是粥了。但《救荒本草》里明明白白说过：“采莠穗，揉取子，捣米作粥或作水饭，皆可食。”也就是说，水饭和粥，是两种东西。

这在《金瓶梅》里也可以得到佐证——因为西门庆吃粥的次数不少，有六十多处，且多为早晨，比如孙雪娥就曾经说过：“预备下粥儿不吃，平白新生发起要甚饼和汤。”如果水饭即是粥，何故不并作一种来讲？

北方夏天的水饭，据说是把米煮熟之后，用笊篱把米淘出来，再用现打来的井水把米过水，过两三次，浇上一点井水，水饭就做成了。配水饭的大多是酱菜，南宋国宴里的“咸豉、旋鲊、瓜姜”便属于这一范畴。

水饭的流行，大概是因为炎炎夏日，口感冰凉，容易下肚。但想来，大概是较难消化的。宋朝人黄休复曾经在《茅亭客话》讲了一个故事，一个姓袁的人，某天家里来了一位不速之客，穿着白衣服，要求面见袁生。老人说自己姓李，住在城南，来投靠袁生。因是陌生人，袁生“不甚诺之，但宽勉而已，且留食水饭、咸豉而退”。结果，三天之后，暴雨溪涨，仆从捕捞了一条“三尺许，鳞鬣如金”的鲤鱼，袁生让人把鱼肚子剖开，“腹有饭及咸豉少许，袁因悟李老者，鱼也”。

太吓人了，所以泡饭还是要烧一烧，烧一烧，隔夜米就在汤水中荡漾开来，有一种米香，米汤也变得醇厚起来，但又不似粥那样，是一种暧昧的状态。

对，泡饭必须用隔夜米。用新米泡饭，一则太过软糯，吃不出泡饭的风骨；二则有时间烧饭做泡饭，倒不如直接烧粥。我热爱隔夜米，尤爱前一天晚上烧饭的时候底部那层薄薄的锅巴，谓之“镬焦”，烧出来的泡饭，有股特别的焦香，除了吃下去容易饿，没毛病。

水泡饭

最最简单的剩饭处理方法，一碗剩饭、一壶热水，再来一碟小菜。一碗水泡饭下肚，才明白什么叫大道至简。

做法

① 准备一碗隔夜饭；
② 将热水注入碗中，水微微没过米饭；
③ 再拿出自己喜欢的下饭小菜，就可以开吃了。

菜泡饭

苏浙沪地区人民最熟悉的剩菜剩饭处理方法：隔夜的剩饭加上水熬一熬，加点切碎的青菜，讲究点的再加点火腿丝，最关键的是上桌之前滴两滴麻油，那是菜泡饭的灵魂。

做法

① 青菜切碎备用；
② 隔夜米饭加水，煮至汤变浓稠，由清变白；
③ 下青菜，断生后关火；
④ 入盐调味，加麻油少许。

茶泡饭

曾经以为茶泡饭是非常寡淡无味的，所以当吃到第一口混合着茶香、鱼类鲜香的米饭后，完全打开了新世界。如果把握不好调味的精髓，可以直接网购泡饭料。

做法

① 准备好一碗隔夜饭；
② 撒上泡饭料；
③ 倒入沏好的绿茶，即可搞定。

炒

秋葵三文鱼炒饭

剩米饭就是为炒饭而生的，相比软糯湿润的热米饭，面冰箱思过一晚的隔夜米饭才是炒饭的最佳原料。失去部分水分的米饭炒出来充满弹性，吃到嘴里的每一口都是粒粒分明。

做法

① 秋葵和三文鱼切成丁；

② 锅中倒油，大火炒熟秋葵，然后加入三文鱼同炒，加盐和黑胡椒调味后盛出；

③ 烧热锅，下油，倒入打散的蛋液，基本凝固后加冷饭，加盐炒均匀后，倒入炒好的秋葵和三文鱼丁，炒半分钟后起锅。

拌

韩式拌饭

韩式拌饭是韩国人处理剩饭的神器。相传，古代的韩国媳妇把全家吃剩的菜拌入米饭里吃而产生的美味并流传开来。传统上韩国农历新年除夕必须吃这道菜，目的就是在新年之前把所有剩菜打扫干净，解决办法就是把剩菜混入米饭拌起来吃。

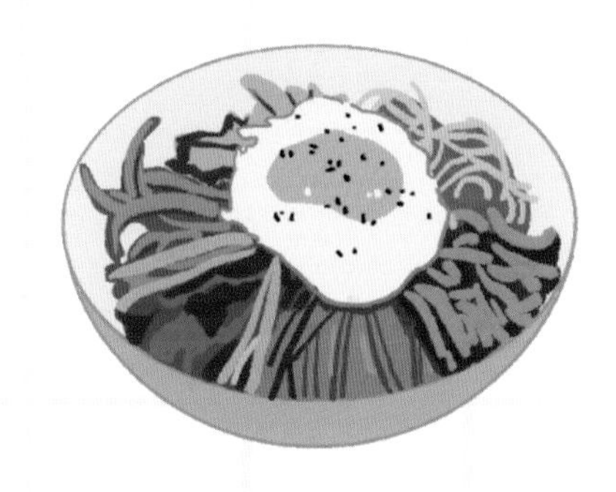

做法

① 材料洗净，胡萝卜、香菇切成细丝；

② 锅中油热，倒入胡萝卜、香菇炒熟；

③ 金针菇和豆芽焯熟，加入少许盐和香油拌匀；

④ 将隔夜米饭在微波炉里热一下，将上述准备好的菜码和米饭倒入一个大碗里；

⑤ 加入拌饭酱和煎鸡蛋，充分搅拌。

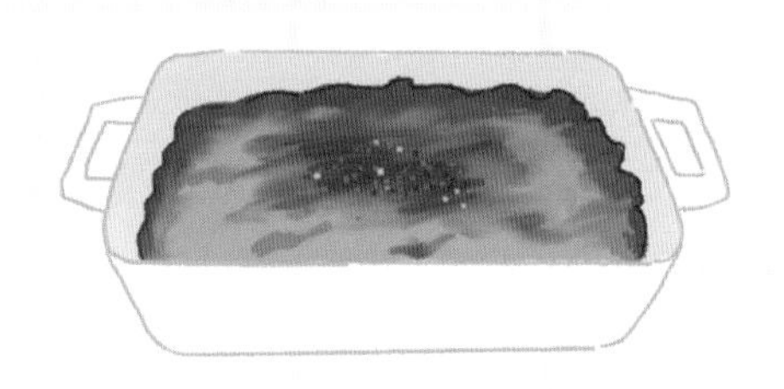

芝士焗饭

有时候，一片芝士就能让冷冰冰的剩饭重新焕发生机。

做法

① 把剩菜和米饭混合到一起；

② 撒上榴梿和芝士碎，放入烤箱 180 度，15~20 分钟焗烤即可。

煎

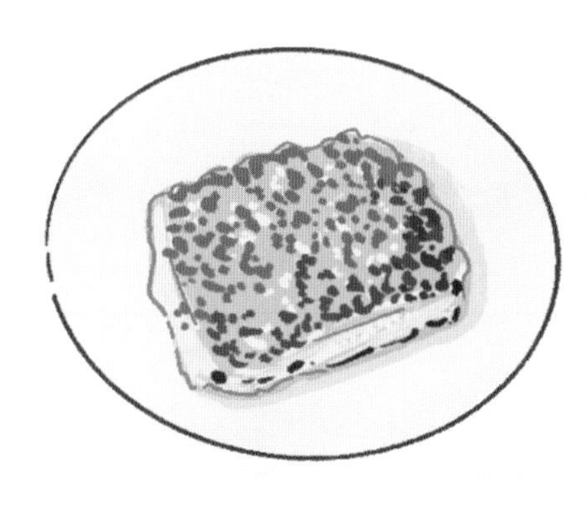

米饭吐司

如果手里只有剩米饭和鸡蛋怎么办?除了做蛋炒饭，还可以试试米饭吐司。外脆里软的米饭吐司搭配任意你喜欢的食材，剩饭也可以吃得有滋有味。

做法

① 将鸡蛋、米饭、酱油和黑胡椒一起搅拌均匀。剩米饭很容易结块，搅拌时一定要注意把米饭打散，使每粒米都均匀地裹上蛋液；

② 根据自己的口味加入适量的蜂蜜；

③ 在平底锅里倒入少许食用油，加入搅拌好的米饭，用锅铲将米饭推成一个正方形；

④ 开中小火，煎 30 秒，翻面再煎 30 秒即可出锅；

⑤ 在米饭吐司上放上自己喜欢的食材就可以开动啦!搭配方式有且不限于：

Topping 1：奶油奶酪 + 火腿片 + 生菜 + 圣女果
Topping 2：黄油炒口蘑 + 芝士片 + 芝麻菜 + 单面荷包蛋
Topping 3：酸奶 + 无花果 + 蜂蜜

CHAPTER 4

米生万物

在吃这件事上，
富裕的地方总是花样多

文 韩不韩 ¦ 摄影 施遂稹

冬至一过。

在劳动人民的传统智慧里，这一天是制作美食的分界线，过了这一天，酒可以酿了，年糕粉可以磨了，腊肉可以晾起来了，风鳗可以吹了……

早前因为没有冷藏，大家都掰着手指头，等气温下降，来将食物的形态、风味进行转化。

当然，这一切都有个前提：丰产丰收。

粮食过了温饱线，尚有富余，人们便寻思着搞点新花样，借用陈晓卿老师的文章："人类享用美食的终极境界，很大程度上是为了达到颅内高潮。"

为了享受高潮，在苏浙一带，首选自然是对大米进行繁复而精细化的加工，来改变口感。几千年下来，达成全民共识，人人都喜爱的食物是：年糕。

在宁波，早前慈城的年糕出名，这些年又陆续听说余姚水碓年糕、北仑虾庨（là）年糕、大榭年糕等，而这几天，慈溪又举办了鸣鹤年糕节。

我去凑了热闹。走在镇上，空气里到处弥漫着大米的香甜，回来便和人感叹："乖乖，不得了，满大街都在做年糕啊。"

当地光年糕厂就有30家左右，历史悠久。

其实这也很好理解，附近的河姆渡7000年前就在种植水稻，在做年糕这件事情上，无论哪家都是水磨粉，整个行业水准高到能让所有人都掌握技术。要是出了宁波，一些地区做年糕会加很多糯米，口感就会过于粘牙了。

本地要说差别，无非是谁更愿意花足时间不偷懒。

在我小时候，农村里是有人上门做年糕的，几个男人抬着机器往晒谷场一摆，家家户户拿出自家种的晚稻米去加工，小孩围绕一圈，随时捏一个年糕团子吃起来……那种热气腾腾的场面，大概就是消失已久的年味。

鸣鹤古镇做年糕，保留了这种一起围观齐分享的传统，家家户户几乎都是前店后厂，有些直接就是间作

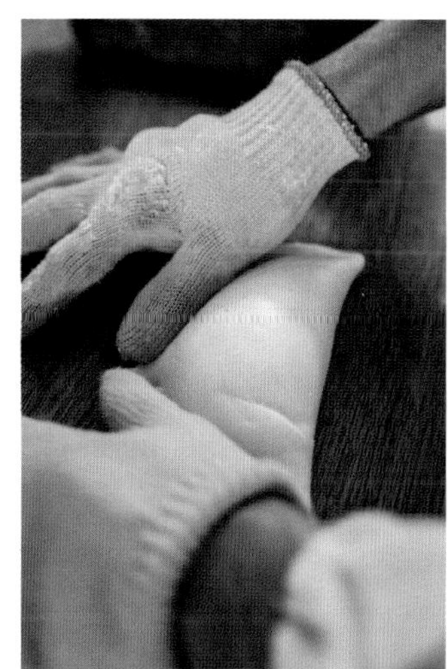

坊。老街上随便走走，随处可见的热气腾腾。

过去，人们习惯把泡好的晚稻米放在石磨上，磨成浆，装入布袋，再榨干，就成了水磨粉。

优胜的关键，从第一步泡米就决定了。

有人泡一夜，有人泡两三天，有人泡十五天，有人泡一个月……就如同谈恋爱一样，情到深处自然成。泡得越久，年糕做出来越细腻，其中的烦琐自然是必须等到天冷、水冷，然后勤换水。

平白无故多出来步骤，必是工业流水线不愿意干的，也不符合经济效益。

所以，决定年糕好坏，最大的成本是人工，愿意花多少时间。

接着，由经验丰富的师傅将米粉倒入木桶蒸熟，把握好干湿，只需几分钟，即可倒出来，到这一步，就已经很甜了。

随后上机器过几遍，吐出来晶莹剔透的长条，光是看看就很治愈。

到这里，摘一团裹上馅子就是热乎乎的年糕饺，宁波

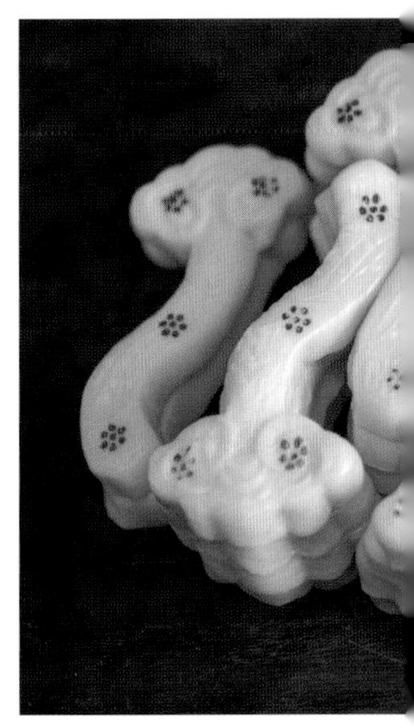

人喜欢包咸菜肉丝。当然，现在在鸣鹤什么霉干菜烤肉、大头菜、酸豆角、萝卜干……五花八门，无所不包，天下大同。

稍微一会儿，就能看着米粉变成年糕饺，趁热下到肚子，有种无与伦比的幸福感。

用年糕板一压，就成了年糕，垒成几摞，整整齐齐排好晾干，就可以带走了。

在没有塑封之前，年糕泡在水缸里，能吃上一个冬季。

鸣鹤是个富裕的地方，以前以盐和药出名。

同仁堂、叶种德堂、胡庆余堂……都和鸣鹤人民有关，现在古镇里仍有国医馆，很多宁波人看中医还往这儿跑。

自古条件好的地方，喜欢翻新花样，所以在鸣鹤像华师傅这样的，还在坚持刻印糕板，往里一按一捏，就是年糕的又一种升华。

中午，我去找了一家望湖酒家，位置正对杜湖，尤其在雨天，看着窗外细雨蒙蒙，在屋里等候一桌美味，忽然就会升起一种情绪，特别想要找个老朋友聊聊天、叙叙旧的那种冲动。

来上一个毛蛋，几样家常小菜，余慈地区熟悉的口味，最后主食弄份炒年糕。

要是喜欢吃甜的，结合慈溪杨梅，还有用杨梅汁、浆板煮的年糕汤。

除了年糕，在鸣鹤还能见到许多米制品和将各种粮食做成糕点的老手艺。

在老街随便走一走，偶遇老鼠糖球、三北豆酥糖、葱管糖、松花团……米粉、面粉、黄豆粉加上糖和猪油，衍生出的千变万化，在古镇齐聚一堂。

很多手艺人也还留在镇上。

比如永旺斋的刘师傅，今年 87 岁了，身体硬朗，每天还在店里现做糕点售卖。

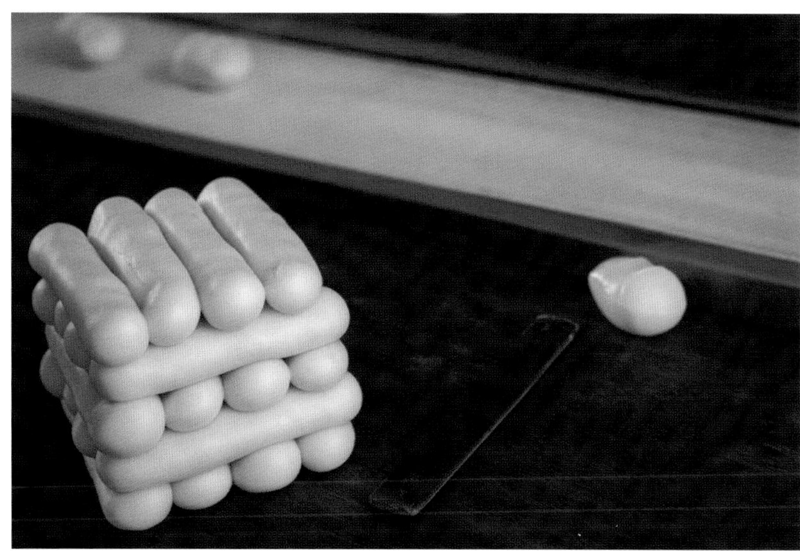

在这些手工的印糕板里，塞进不同比例的糯米粉、糖、猪油……然后敲打成型，这种温度和味道是超市里随便买一盒远不能比的。

刘老师傅 1948 年入行，早年在沈师桥永丰糕饼店，这家店有 300 多年历史。

1984 年，他带着一身本事自己开店，起起落落。这些年冷落的糕点又重新被人们喜欢，老爷子和儿子一起也在镇上开了好几家店。

绿豆糕、玉和糕、连环糕、麻印糕、橘红糕……他说手艺全在脑子里，根据季节能做出 30 ～ 40 种糕点。

宁式糕点，最早是有钱人家的配茶点心，价格不便宜，现在普通老百姓也能吃得上，在镇上随便找一处坐坐，标配就有它们的身影。

然而，鸣鹤人民的能力远不止将粮食做成各种糕点……

曾经，在这片三北大地上，他们酿出过赫赫有名的四明山牌宁波大曲。

原慈溪地方国营酒厂，就在鸣鹤古镇上，20 世纪 80 年代被誉为“浙江的茅台”，产品畅销浙东各地，烟酒商铺、杂货小店都有它的身影。

除了传统玻璃瓶，它的样子也曾精美好看，观音、寿星、动物、花瓶等造型，喝完酒还能继续当摆件。

现在的慈溪酒厂已经改制，搬出古镇，改名“和丰酒业”，不过这些历史往事都还在这家公司的墙上挂着。当年，鸣鹤人民就用白洋湖的水，酿造宁波大曲、宁波特液，驰名海外。如今，白洋湖还在，金仙禅寺还在，门口的 7 座宝塔成为一道风景线。

曾经，弘一法师 4 次云游至此完成著作，在余秋雨的散文里，这是一座能容上千人的辉煌大庙……

或许岁月一直在变，人、事、物总有兴衰，但幸好有关吃的文化都保留了下来。

八宝饭不是饭，是销金窟

当北方人不管什么节日都吃饺子的时候，
我们家里不管什么节日都吃八宝饭。

文 周嘉宁 ¦ 图片 视觉中国

周嘉宁
作家，译者。
曾出版小说《密林中》《荒芜城》等。

凡是我爸爸在家里摆圆桌请客，收尾基本会端出一锅浮了一层油的牛尾汤，里面的洋葱和番茄都已经融掉了，接着是一只大碗装的八宝饭，豆沙里面有一坨化开来的猪油。但其实自己家做的话，大概从来没有凑齐过八宝，反正每次亲戚们实在没话说了便开始数到底是哪八宝，同样每次都要数一数的还有我爸爸很爱做的十样菜（就是百叶、香菇、豆芽、胡萝卜什么的十样素菜切成丝以后，重油重糖炒）。

我最喜欢八宝饭上面缀核桃，青红丝则非常不喜欢（最讨厌的应该是方糕上面的青红色，蒸热以后还会晕出很可疑的颜色，糖精味道也非常奇怪，而且我从来没有仔细想过那到底是什么！）。这样一群人一边数，一边纷纷伸手用勺子挖，我喜欢糯米和豆沙对半的比例入口，这样两大勺下去，胃里面最后的缝隙被撑满，便是一顿家宴的完美收场。

嗯，吃完咸的之后真的必须吃点甜的。

我们家里人都很爱糯米。小时候住在静安寺后面老房子里的时候，大年夜晚上我妈妈便和几个阿姨一起用糯米粉做汤圆，蒸糯米做八宝饭。厨房里非常冷，水蒸气的味道很好闻，房间里却很暖和，等会儿舅舅会放焰火，明天早晨醒来可以拿到压岁钱。这可能是永恒的记忆。

只是那时候作为一个小孩并没有太喜欢八宝饭，因为它带有一种成年人的陈旧审美——圆形，巨大，实实在在，对称，装饰性。过分固化了某种中国式的审美。与之联系在一起的有水仙花，橘子，放在茶几上的廉价糖果，房间里罩着勾花罩子的沙发，等等，非常沉闷。年夜饭里最喜欢吃的东西竟然是当时刚刚时髦起

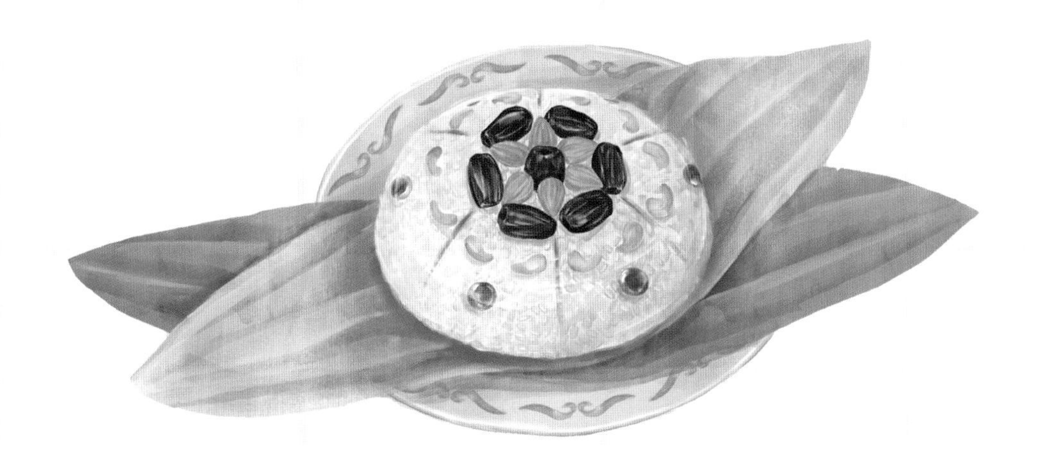

来的炸鸡翅。呃，一种完全不美并且非常廉价好操作的食物。

而且八宝饭对我造成过创伤型的味觉记忆，中学里有段时间超市里开始卖可以微波炉加热的小型八宝饭，为了节约早餐的时间，我妈妈买了很多冻在冰箱里。所以很多个灰蒙蒙的冬日清晨，我在没有暖气的厨房里吃加热的速冻八宝饭。其实也并不难吃，但是味觉记忆中还包含着困、数学考试、想吃肯德基或者刚刚炸出来的油墩子。

然而不管主观愿望如何，外部世界如何变化，八宝饭在我家里始终没有消失过，尽管其他很多习俗也好，食物也好，都在消失。比如说 2020 年开始，过年连一串鞭炮都不放了。我妈妈虽然有时候会偷懒去买王家沙或者沈大成的八宝饭，但自己做的习惯却并没有丢掉。他们也都认为这样的话，甜度可以调控得更好。

有一年过年，晚上去朋友家里打牌，便带了家里人自己做的八宝饭过去。过了夜里 12 点，在每个人都饥肠辘辘的时候拿出来蒸了。于是那一回对我来说变成了八宝饭的味觉复兴。那是一个毫不花哨的八宝饭，只缀了核桃和枣子，猪油、糯米、豆沙和糖的比例都恰到好处，一大勺挖下去带来所有的满足感。不知道我那些成年的朋友们多久没有吃过八宝饭了呢?他们去了五湖四海以后还吃不吃八宝饭呢?是不是也有点震惊于它怎么会变得那么好吃!

我写这些东西之前，发消息问我爸爸八宝饭怎么做。他很起劲地回复了我很长的消息。他们现在还是会突然做起八宝饭来，而且一做就是很多个，用保鲜膜一个个包好，小小的、油腻腻的，冻得硬邦邦以后叠在一起送给我，嘱咐我回到家里赶紧冷冻。我把它们冻好，有时候没有东西吃了便拿出来吃一吃，这样我陆陆续续又吃了一整年的八宝饭。

嚟食米粿！

米粿（guǒ）作为一种潮汕地区的传统点心，既包含着不可忽视的节日意义，
又藏有游子想家时妈妈或阿嬷手里的温度，品尝起来，总归是不曾腻烦的乡与祖之味。

文 瑞拉 | 摄影 瑞拉

无米粿

由于番薯粉加热呈半透明的缘故，无米粿蒸熟后看起来更有趣些，透润中隐约显见去皮绿豆的嫩黄，零星混有翡绿的韭菜，叫人对它的味道有了想象。咬开弹糯的外皮，满口粉粉的豆泥，掺杂原豆的颗粒感，一经咀嚼，淡淡的韭菜香便蔓延开。

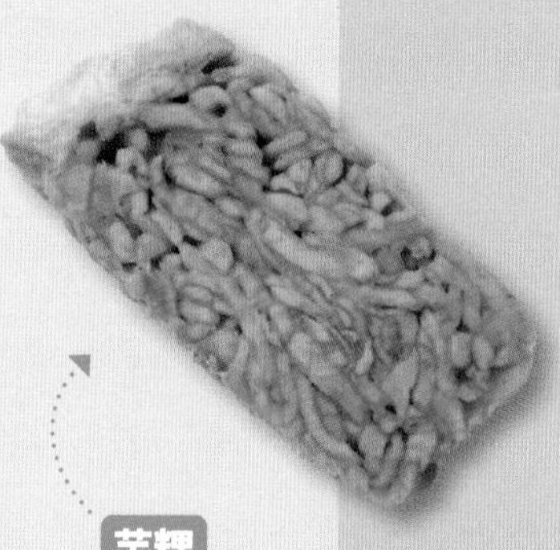

芋粿

不同于福建的芋头三角糕，潮汕芋粿本质更接近广式点心，可以说是最容易被大众接受的一款。芋头要选粉感足够的，炒出味的干贝、香菇加红薯粉调味搅和包团，蒸熟成型了切片即可。

提及潮汕米粿，第一常见可能就是红桃粿了。最原始的做法中，其玫瑰色的外皮是由红烟米染成的。内馅儿多半是腊味糯米饭，加料和调味偏家庭化，本身已是可以想见的美味，包在粉红的粳米粿皮里更添食欲。红红的桃形既是欢庆的象征，又有长寿的寓意，着实讨喜。

菜头粿是萝卜糕的潮味小名。米粉浆液混合腌制好的白萝卜，佐以零星的虾米或腊肠提味，上笼蒸熟后颜色洁白温润，仿若不事雕琢的璞玉一块；入口绵软，味道鲜美，还能下火。

鼠壳粿

青衣外皮，表面经寿桃粿印压制出精细花纹，形似飞舞的水滴，水滴底部三道小波浪，这就是鼠壳粿，也叫鼠麴(qū)粿。称呼源于原料鼠麴草，熬煮后加入糯米粉几经抟捏，再包馅成型，垫上芭蕉叶蒸熟晾凉，吃时小油煎炸，两面起焦黄。焦脆外壳由青草香气和糯质薄皮组成，一咬便忍不住探出头来的芋泥是心头好。如果觉得太甜，蘸辣酱吃也独有一番风味。

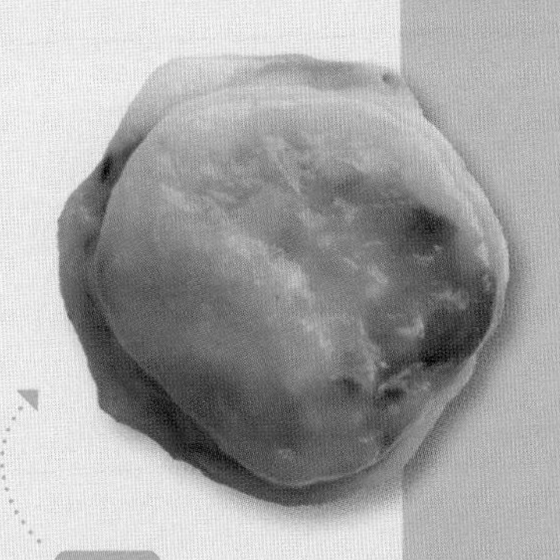

粿肉

粿肉体量最为小巧，用料却最饱满。薄薄一张腐膜里卷满肉泥、马蹄和小葱，封以生粉浆或蛋液，切成便于夹取的小块儿，热锅炸两次至外酥里嫩，捞起控油，佐少许甜辣酱更美味。

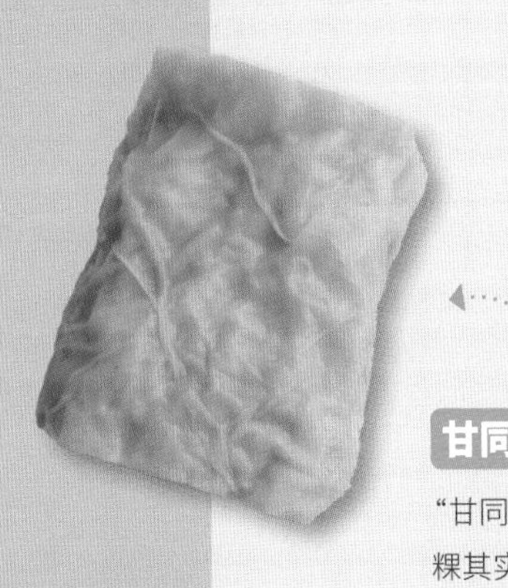

甘同粿

“甘同”是土豆的闽南名字，所以甘同粿其实是土豆粿。由于制作时加入了潮汕特有的雪粉（一种木薯粉），粿皮更剔透而富有弹性，味道纯粹。然而内容却很丰盛，土豆、虾仁、香菇切粒以五香等调味翻炒，入馅后依然是蒸熟放凉，油煎至微焦就很好吃。

咸水粿

形如小碗，半指深的小坑里浅浅盛着热过油的萝卜干，香气比味道先飘到了鼻息。米浆制作的粿皮仿若凝脂，便也有了别名“猪膀粿”。因形态实在玲珑，要是在潮汕街头买，往往是一盒一摞，蒜油炒制的菜脯配合米粿纯味，一口一个，柔韧有味有嚼头。

如果糕团也有选修，谁是你的最爱？

文 何钰 ｜ 插画 xrc

双酿团

拉票宣言

两幅面孔，自带悬念。

双酿团看起来圆润，像个头大的汤圆，其实是“馅外有馅，套内有套”，内是两层皮，最里头包着掺了糖的芝麻馅，两层皮之间则是豆沙，外皮薄而洁，隐约看见内馅。咬上一口，就会获得豆沙和芝麻两种香甜，再加上糯皮的软滑，味蕾一下要接受三重冲击。

定胜糕

拉票宣言

“糕”如其名，给你带来好运。

定胜糕是庆祝乔迁之喜的糕团，淡粉色的外表着实讨人喜欢。入口满是甜糯，松软之余是豆沙细腻的甜味。

橘红糕

拉票宣言

软萌小可爱，甜而不腻人。

和其他糕团比起来，橘红糕小小的，像一粒粒软糖。看着粉嫩，吃起来又甜又软。

重阳糕

拉票宣言

你想看的我都有。

九九重阳节，吃重阳糕，饮菊花酒。暄软的饼层叠，铺满赤豆果脯蜜枣青红丝。内馅加板栗枣泥和豆沙，满满当当，虽不够新潮，却庄可人，绝不是虚有其表。

云片糕

拉票宣言

每一片都是真心。

没有黏糯的口感，但原料复杂，做工精细，轻咬一口，口腔里满是清甜细腻。好的云片糕一块要切成 140 片，足见用心。

桂花糕

拉票宣言

花仙子就是我。

用糯米粉、糖桂花和蜜糖做成的桂花糕，吃上一小口，就甜到人心坎里。偶尔嚼到一颗渍好的桂花颗粒，甚至会有一点小窃喜。

条头糕

拉票宣言

中看更中吃。

条头糕和其他粉糯圆润的糕团不同，是纤长的。糯米粉揉合了细沙或者芝麻做长条状，润的外皮似薄纱，并没有完全包裹，两头开能看见一抹红润的内馅。

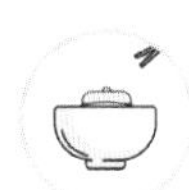

年糕

拉票宣言

可咸可甜，百变星君。

技招展不行，朴素才是最真实的。咬上一口丰富的糯米香气，口感糯糯的，但绝对不软韧性足嚼起来口感很好，本身没什么特殊道，所以好吃又百搭。

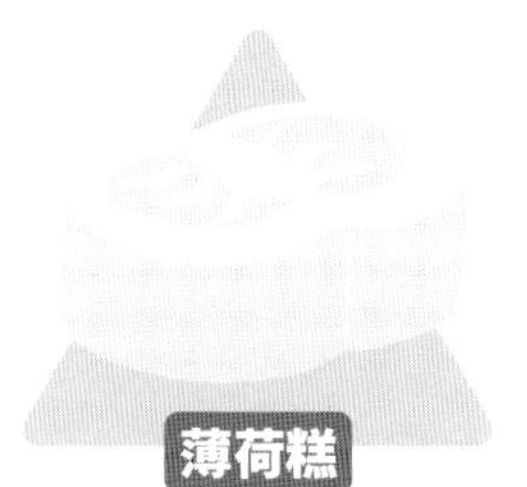

薄荷糕

拉票宣言

靠近我，你才知道我的甜。

薄荷糕有些清冷，只有靠近了，才会发现它的香甜。就消暑来说，薄荷糕的清凉比起绿豆糕的清新有过之而无不及，并且不会腻人，可以大吃特吃。

方糕

拉票宣言

简单但大气，不花哨不粘人。

糯米的外皮，甜甜糯糯，一点不粘牙，透过外皮隐约可见一点豆沙内馅。白皙方正，不花哨，不粘人，但就是让人移不开眼。

青团

拉票宣言

糕团界的头号选手，舍我其谁？

明节，避开不了的话题是青团。每到这个时江南湿润的空气里，大街上到处都是圆圆蒸笼，掀开一看，一个个碧绿的团子，咬一个个都是春天的味道。

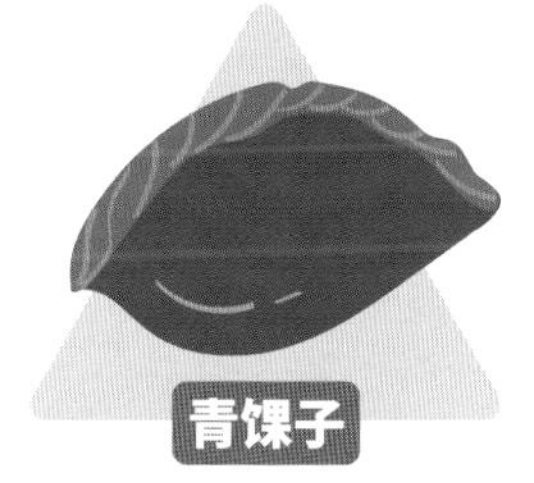

青馃子

拉票宣言

好看的皮囊，丰富的内心。

青团是细沙的好，青馃子就得是咸口的。清甜的外皮里包裹的是咸菜、笋丁、肉丝、香菇，咬上一口，豆腐肉末混着米饭草香就悉数钻进了嘴里。

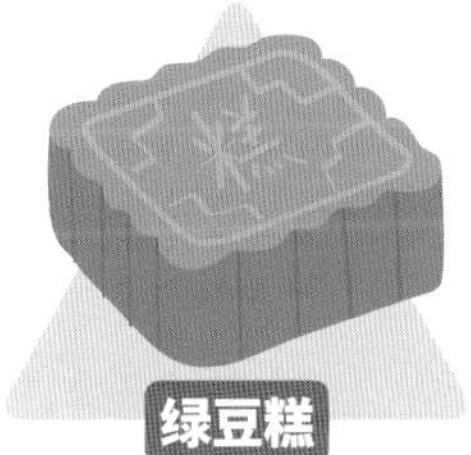

绿豆糕

拉票宣言

清爽不做作，属于你的夏日限定。

手拖着油纸，小心翼翼掂一块，用齿尖轻轻咬断，粉糯尽显，嘴角还有来不及擦掉的粉末，唇齿间都是绿豆的香气。

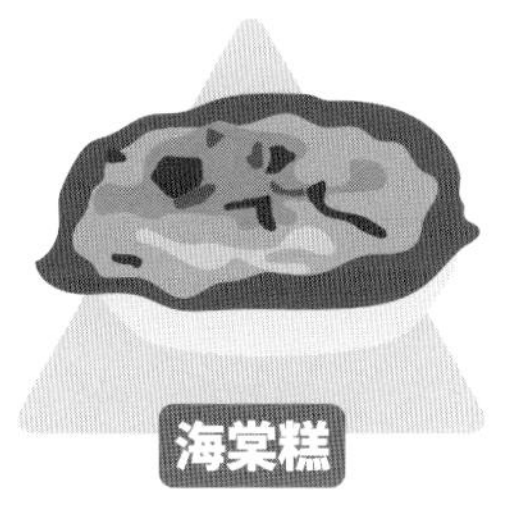

海棠糕

拉票宣言

坚硬的外表下有一颗柔软的心。

只热乎乎刚出炉的海棠糕有多诱人？调好的浆倒进模子里，馅料是细沙，慢慢烤成金黄面上被烤化的糖闪着光，缀上青红丝、瓜子仁和一点点的芝麻，这时候香气就足以想见开盛景。

炒肉团子

拉票宣言

馅大卤多，"鲜"值爆表。

糯米团包上肉馅，浇上卤汁，白润如玉的外皮，咬一口柔软又黏润，关键是鲜得很。

松仁黄千糕

拉票宣言

"焦"美可人，淡妆浓抹。

光看松仁黄千糕层层叠叠的造型，就能想见它的味道有多丰富。还未入口就有松子的清香，焦糖的甜和松子的油润交织，就是引爆美味的炸弹。

宇宙大爆炸的浪漫，可能也不过如此

为了吃米，我们随时准备豁出命去。

文 毛晨钰 ¦ 摄影 栗子 ¦ 图片 图虫创意

街边的大炮英雄

竖起防爆板，穿上拆弹服，美国制作人亚当·萨维奇面对的其实并不是一颗炸弹，而是一台来自中国的神器：爆米花机。

随着“嘭”的一声巨响，爆米花腾空而起，让人肾上腺素飙升——在科普节目《流言终结者》里，对3个老外来说，这一刻，他们很难再有吃爆米花的兴致，活着才是最重要的。如果有中国观众看到他们这副样子，大概会觉得滑稽。毕竟，在中国早些年的乡土社会，就连3岁小孩都能面不改色地观赏这场堪比宇宙大爆炸的表演性节目。

爆米花这件事，其实中国人开窍很早。周密《武林旧事》里就有记载：“吴俗，每岁正月十四日，以糯米谷爆于釜中，名曰‘孛罗花占’，又名‘卜谷’，以番白多者为胜。”“孛罗”也是“孛娄”，在吴中地区方言里就是爆米花发出的“噗噜”声。

那时候，爆米花应该还是件比较正经的事儿，人们会用爆米花来占卜年景的好坏。爆米花的工具，也还是比较原始的锅。而在很多人的记忆里，爆米花是从“大炮”里出来的。那门代号“黑葫芦”的大炮通体黝黑，哑光质感，葫芦形状，一头是圆环把手，另一头是有着螺杆和弯头的机盖。唯一能掌控这门大炮的必定是个人狠话不多的老大爷，他们往往胡碴凌乱，脸色黑里透红，裹一件看不见本色的棉袄。

这种“大炮”，还有另外一个响当当的名号：粮食放大器。在“一战”期间，为了解决粮食短缺问题，在实验室里脱胎而出的谷物膨化机被大力推广，这就是老式爆米花机的雏形。当时日本还专门引进这种机器。

后来，日本一位名叫吉村利子的小学教师将其改良，解决战后孩子们的吃饭问题。她改良的小型爆米花机就叫“吉村式”，一度广为流行。差不多也是20世纪三四十年代，这种爆米花机也在中国流行开来。

用这种老式爆米花机爆米花，在很多“80后”“90后”的记忆里，是勇士才能干的事。“炮兵”老师傅点火，准备架“大炮”。炮弹不是别的，是家里长辈刚从米缸里舀出来的几碗米。师傅把米倒进机器，又从家伙什里掏出一罐白色塑料瓶，看起来像是药瓶，实际是后来被大家诟病的糖精。但对那时的孩子来说，哪怕真是药，也是甜滋滋的。

关上阀门，搁到铁架子上。师傅一边飞快地转动把手，使它均匀受热，一边又不停地添柴火进去，让火烧得更旺些。每个机器都有一个气压表，只待达到某个值。接下来，是最具仪式感的时刻，成英雄、成米花，都在这个瞬间。师傅眼观气压表，耳听锅里动静，就在毫无预兆间，拎开爆米花机，一头塞进早早就准备好的大蛇皮袋里，脚一踩，开炮，白烟四起，空瘪的蛇皮袋被炸个满怀，里头尽是香气腾腾的米花。

米花进化史

在我老家，大家把这种原始版的米花称为“糙米”。装着米花的大袋子用绳子牢牢扎紧，就放在橱柜里。用绳子牢牢扎紧，以免受潮变软。可但凡家里有孩子，绳子怎么可能系得紧?松松地绕几圈，将将够一只小手伸进去，掏一把，再掏一把。

如果米饭都能变成米花，也许世上再不会有孩子不爱吃饭这件事。小手一捧，把嘴凑近，深吸一口气，就能把轻盈的米花嗦进一大口。一颗颗挤挤挨挨在嘴里，摩擦间发出吱吱呀呀的声响，是好吃的隐秘尖叫。每年《还珠格格》播出的日子里，每个孩子就是靠着一把接一把的米花熬过能背诵全部台词的广告时间。

男孩女孩的生活，不只有追剧，也有下午茶时间。放学后、晚饭前，总要先吃点心垫垫肚子。蛋糕面包还远在橱窗里，用一杯热牛奶或冲杯豆奶粉，泡进一大把米花，热乎乎，顺喉而下，甜而润。神奇的是，米花没有软成糨糊，仍保有那种微小气泡的口感。

米花

米花球

印象里，每逢过年，爆米花师傅总是来得更勤些。春节时分，家家户户都要置办年货。瓜子、花生糖，都只是少些新意的果盘标配，要是有米花点缀，才算是村里最靓的瓜果盘。

毛坯版米花自然是不好意思拿来招待客人的。过年时要准备的是精装版米花——“米花糖”。其实是把米花用糖饴粘成块状，加入了花生、黄豆，吃起来更香更甜，当然也更碾压。米花糖通常是一整块的，吃之前会用不锈钢薄片切成大小适中的块状。切米花糖的时候，师傅总是凌厉如隐世剑客，手起刀落，绝不含糊。

这种米花糖在很多地方都有极其类似的，其中很有名的是川渝地区的江津米花糖和蒲江米花糖。在重庆江津，每逢过节，寻常人家都会专门把打糖师傅请到家里，打上十来盒。一袋米花糖一瓶老白干，是江津人走亲戚的王牌伴手礼。

川渝米花糖用料更丰富，通常有芝麻、花生仁和核桃仁。据说这种米花糖最早是陈汉卿、陈丽泉兄弟改良而来的。1917 年，自幼进城学做糖杂的兄弟俩在江津开了一家糖杂铺，叫“太和斋”。当时他们觉得四川小吃炒米糖干燥、过甜，就改进为后来的油酥米花糖。1949 年后，太和斋经过改制，做出了后来出名的“玫瑰牌”米花糖。此外，重庆还有“隐涵”“荷花”“芝麻官”等老牌的米花糖。

比较特别的是，川渝米花糖用的并非爆好的米花，而是用“阴米”。所谓阴米，是指浸泡过水、蒸熟后自然晾凉的糯米。把阴米炒制，加入糖开水，搅拌均匀才能出锅烘干。油酥米花糖是把米花入油锅，也有把干燥的米花用砂再炒一回，等到米粒胀大，把它们带进糖浆里，拌匀定型再切块。比起空口吃米花糖，米花糖原教旨主义崇尚更原始的吃法，那就是用开水冲服，滋味更佳。开水泡开了过多的甜腻感，而且会让口感更丰腴。

在桂林阳朔，人们做的米花糖跟四川的油酥米花糖有些类似。也是用阴米油炸后再与糖浆混合均匀。据当地人

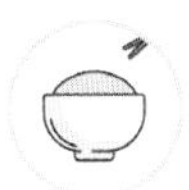

讲，铁锅炒和机爆米花，口感和色泽都稍逊于油炸米花。不加糖饴的米花也叫“人参米”，是当地人打油茶的一味配料。打油茶就是“吃豆茶”，是瑶族、侗族的待客食物，在湖南、贵州、广西这些地方都很流行。吃新茶的时候，加入爆米花、炒花生或是黄豆、炒米，有些还会加菠菜、粉肠之类。听起来跟客家擂茶有异曲同工之处。

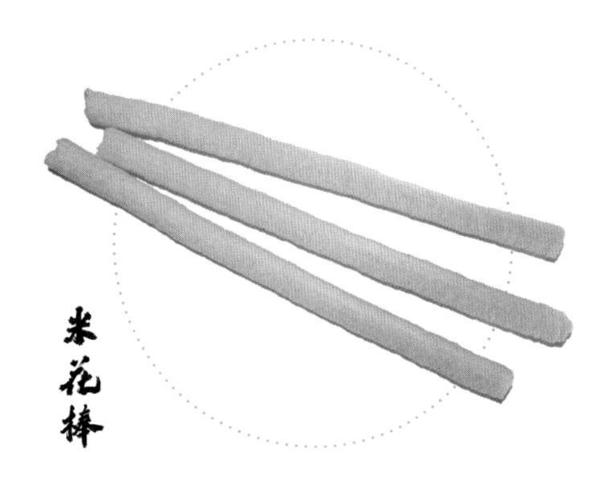

米花棒

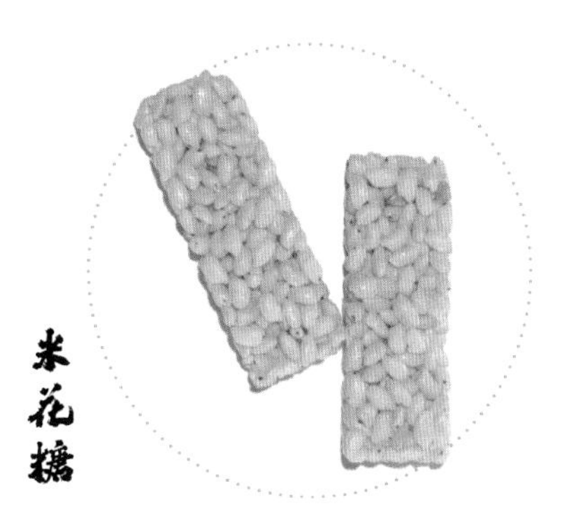

米花糖

米花糖里的硬核甜心还要数云南大理的巍山米花糖。对当地人来说，春节赶集买些米花糖，回家就着盖碗茶，边聊天，边喝茶吃糖，就是一年里最惬意的时光。巍山米花糖光从造型看，就独具特色。颗粒分明的米花攒成滚圆的球状，彼此疏松，却又紧实，上面用红绿黄粉上色，是喜庆的花朵图案。

这里爆米花用的是深口的老式爆米花锅，也会在一声炮响后炸出满锅米花，跟川渝地区先蒸后炸的做法有些不同。用的糖是麦芽糖，熬成金黄色再放入米花，手工搓捏成型。

尽管世上没有一朵米花是一样的，但孩子们只关心手里那根米花棒是不是最特别的。在“毛坯”“精装”米花之外，还有一种“米花”也总是随着爆米花师傅一起出现。与爆米花那种瞬间炸裂的危险动作相比，制作米花棒是小孩子都能参与的亲子活动。

我们老家说的“米花棒”，是用玉米或是大米、黑米做成的膨化零食。到了米花棒这儿，已经瞧不出米原来的形态，变成中空的一根管子，咬下去是松松脆脆的，迸出几点碎末，迸出一管子米香。

师傅是如何制作米花棒的，我已经记不大清，唯一能记得的就是机器吐出看似没有尽头的米花棒，小孩子在一头接着，瞧着长短将其从中掰断。再后来，已经很少见现场制作米花棒了，它们通常盘坐在爆米花师傅的三轮车后座，透明的大口袋扎成一圈，露出一个个小孔洞，往里望去，是深不可测的童年记忆。生为一根米花棒，就得担负更多，美味和趣味，一样不能少。

米花棒像是放大版的手指饼干，除了光吃，还能蘸取一切成长所需的热量和糖分。基本动作是用米花棒的一头在冲好的豆奶里蘸一蘸，趁着甜热，又不至于散形，咬下一截。奢侈一点的，还可以蘸巧克力酱。这一刻，米花棒哪里还有半分乡土气质？

中间空心的米花棒是孩子手里的望远镜，一眼能看到转角处陡然出现的家长身影。也有顽皮的小男孩，吃到腻了，拿它当作能斩奸除恶、所向披靡的长剑大刀。有一样游戏是男女都乐于参与的，就是比谁的米花棒长，是弯棒还是直棒……样子越特别，吃起来就越香甜。

有人说，成长就是跟一样样以前的东西告别。那些曾到家门口开炮的老师傅现在很难见到了。米花和米花棒也不再是麻袋装的慷慨姿态，而是被分装成玲珑的小包装，堆在陈旧杂食铺的角落，偶尔有人经过，突然想尝尝旧味，再回身拣走一包。

但米花的绽放，过于浪漫，十足热烈，是无论如何都不会凭空消失的。只那一声“嘭”，回响就能如米香那样，隐约却绵长。

为过桥米线拨乱反正？

解答过桥米线的身世之谜

文 王璞 | 插画 黄依婕

你对过桥米线了解多少？

相信只要吃过过桥米线的人肯定都听过这样一个爱情传说：明末清初，有位书生在蒙自南湖的湖心亭里苦读，贤惠的妻子每天去给丈夫送饭，但由于路途远，每次送到时饭就凉了，看着心爱的人吃冷饭，妻子特别心疼。为了让丈夫不再吃冷饭，她利用鸡汤保温性能强的特点发明了过桥米线。

故事的确很美好，但这个传说被很多人质疑。

知乎上就有人说那个传说是忽悠人的，其实是十几年前有家过桥米线店开张，找到一个营销团队做策划，于是就有了那个故事。为了证明这个说法的真实性，他还在最后补了一句：他的朋友就参与其中。

不过，一本云南人民出版社出版的《云南——可爱的地方》，里面就收录了这个秀才与妻子的传说，而这本书的出版时间是：1984 年。所以，这位朋友应该是被他的朋友忽悠了。

同样抱有质疑态度的还有大吃家汪曾祺。他在《米线与饵块》一文中，在谈到过桥米线这个传说时就表达过类似的观点：“‘过桥米线’的名称就是这样来的。此恐是出于附会。”云南美食专栏作家敢于胡乱也对这个传说不屑一顾，按他的话讲：“传说全是胡扯。”并在他的《云之味》一书中写道：“贤妻良母一个不小心在厨房妙手偶得，失误做出个过桥米线。相似的美丽失误，上下五千年，多次出现，涵盖各个领域……”

事实上，关于过桥米线的起源，在云南当地就有好几个版本，主要分为蒙自说和建水说（建水与蒙自同属云南省红河州）。

已被奉为大 IP 的秀才和贤妻的故事自是属于蒙自说。

然而相比之下，时间地点人物起因结果 5 个 w 都齐全的建水说显然要靠谱得多：清咸丰年间，临安（建水旧称）县城鸡市街有一家名为宝兴楼的米线馆，老板叫刘家庆。有一天一个举止文雅、穿着讲究的人到宝兴楼吃米线，不过这人不走寻常路，偏要按自己的方法吃米线：跟刘家庆叫了碗刚开锅的肉汤，另用一碗抓入米线，再来盘片好的生肉片，然后将生肉片和米线先后挑进滚烫的肉汤中一涮，便开吃了。后来这人天天来吃，天天如此，就引起刘家庆的注意，自己也照着吃了一次，发现味道果然不一般，连忙请教。原来这人叫李景椿，多年在外省做官，常常吃“涮锅子”，返乡后便到宝兴楼用“涮锅子”方法吃米线。被问及这叫什么米线时，李景椿用筷子指着门外的锁龙桥笑答：“我从桥东来到桥西吃米线，人过桥，米线也过桥，我这吃的是过桥的米线。”

难道这就是最终的答案吗？

其实，关于“过桥”，苏州人也很熟悉。在陆文夫的小说《美食家》中，主人公朱自冶最爱去苏州一家叫朱鸿兴的面馆，他往店堂里一坐，跑堂就会喊：“来哉，清炒虾仁一碗，要宽汤、重青，重浇要过桥，硬点！”你会发现，在这一大串苏州面馆“黑话”里居然出现了“过桥”，对此，陆文夫解释：“过桥——浇头不能盖在面碗

上，要放在另外的一只盘子里，吃的时候用筷子搛过来，好像是通过一顶石拱桥才跑到嘴里。”

即使在苏州当地，对“过桥”也还有另一种解释，是跟方言有关。《品味口感苏州——小吃记》讲，苏州方言中“浇头”与“桥头”互为谐音，所以所谓“过桥”，实为“过浇”。这种说法在丰子恺《吃酒》一文中得到印证：“所谓过浇，就是浇头不浇在面上，而另盛在碗里，作为酒菜。等到酒吃好了，才要面底子来当饭吃。人们叫别了，常喊作‘过桥面’。”

忽然觉得已经无限接近“过桥”的真相。

那么，过桥米线与过桥面会有什么联系？云南与苏州，两地相隔千山万水，饮食也相差甚远，但偏偏都有一碗“过桥”。真的只是巧合？

大象公会曾有一篇解读西南官话的文章。文中提到，四川、云南方言的成型，主要源于明代的移民，而这些移民中多数人的老家则是应天府，也就是南京。

就史实而言，云南古来就是少数民族聚居之地，而汉族则主要是随着元明清时期的“军屯”政策移民而来。元代的云南开通了“入湖广道”，所以移民多来自湖广和江西。而到了明代，《滇略》中记载：“高皇帝既定滇中，尽迁江左良家闾右以实之，及有罪窜戍者，咸尽室以行。”翻译一下就是，皇帝一声令下，江左的不管是良家还是富豪，抑或是犯了罪的，全都携家带口搬到云南去！其中的“江左”就是江南一带。至于当时的移民规模，《明实录》里说，云南的军屯人数达到将近 70 万，这在当时的云南无疑是一个天文数字。

《滇略》还记载：“土著者少，寄籍者多。衣冠礼法，言语习尚，大率类建业。二百年来，熏陶所染，彬彬文献，与中州埒矣。”举家搬迁到云南的这些江南人士，人过去了，同时也带过去了老家的口音，以及各种风俗习惯，这里面，吃，是绝不可能被忽略的重中之重。

如前所言，过桥米线的起源在云南有蒙自说，也有建水说，而这两个地方有个共同点——同属于红河州。红河州虽然世居彝族、哈尼族、苗族和傣族，但自明代伊始，这里就成了整个云南汉文化最发达的地区。

在汉族饮食文化中，有“艺人的腔，厨师的汤”一说，吊汤技艺当为汉族烹饪技艺首位。熟悉苏州风味的老饕都清楚，苏州的面馆几乎家家都有自家独门的高汤。如果面馆早上 6 点开门，那么师傅凌晨两三点就得开始吊汤。用鸡肉、猪肉、猪骨、鳝鱼骨等加水煮透，吊出清汤，汤要清，味要鲜，鸡、猪、鱼各味追求五味混元，相当讲究。

那过桥米线呢？我曾经采访过一位做了 20 多年过桥米线的蒙自大厨，我问他一碗过桥米线什么最重要，他想都没想直接就给出答案——肯定是汤啊！一碗满分的过桥米线，必须得有一碗有灵魂的汤！一碗好汤，吊制的高汤要求清、浓、爽、鲜，可清难浓，浓难爽，爽难鲜，最考功夫——如此这般高超的吊汤技艺，在数百年前的华夏大地，恐怕唯汉人独有。

汤可以成为探索过桥米线与过桥面关系的线索，浇头也是。

苏州过桥面，各家面馆都有独家的浇头，松鹤楼的卤鸭面、奥灶馆的红油爆鱼面、近水台的焖肉面、朱鸿兴的三虾面、观振兴的白汤蹄髈面、老丹凤的小羊面……每样浇头都是预制或现炒的各样菜肴。

相比之下，市面常见的过桥米线似乎并不一样，每家的“帽子”（云南方言，意同浇头）都很丰富，但几乎都是相同的配套：生肉、生鱼、生蛋……各样生鲜食材，需要客人自己放到汤里“涮锅子”。然而，我去蒙自时，当地大厨带我去吃的十几家古早版本过桥米线却是另一番景象：牛过桥、羊过桥、猪过桥、鸭过桥、鸡过桥、兔过桥、鳝鱼过桥……每家各持一项绝技。各种“帽子”都很朴实，而且并不是等待入汤“涮锅子”的生冷食材，而是店家事先预制的各样熟食。

以上种种，真的只是巧合？只可惜，云南人和江苏人可以测测 DNA，但过桥米线和过桥面不能。

情从酒中来

出门在外，提起家乡时你想到的会是什么？对于绍兴小孩来说，
莫过于逢年过节饭桌上熟悉的黄酒。
即便不常回家，总还是会想起长辈们喝酒时候的热情劲，
那是家人的自在与亲切，也是我们年轻一辈永远的惦念。

文 vivi ¦ 摄影 vivi ¦ 图片 塔牌提供

绍兴小孩的惦念

在绍兴人的日常生活里，黄酒总是少不了的。饭桌上拼酒拿出来便是一大壶，做菜时也得洒点黄酒来调味，作为一个地道的绍兴小孩，我第一次喝是 5 岁在家里的饭桌上。“爷爷在喝的是什么?我也想喝。”初尝的那一口，是有些涩又返过来一点甜。

小时候总爱蹲在隔壁家看师傅酿酒，一大个木桶缸里蒸出阵阵香甜的气息，晶莹饱满的糯米粒在暖暖的日光下泛出雪白剔透的光泽。

不记得是哪一年，放学回家，从奶奶手里拿过一份《绍兴日报》，上面讲绍兴的女儿红等了许多年终于找到了合适的形象代言人，那人便是江一燕。抛开江一燕的明星身份不提，光是女儿红的故事就足够让那时的我惦念在心。古时富人家里生小孩，生的要是女婴，都会在自家田地里用糯米酿成女儿红，装坛后埋在后院的桂花树下，待到出嫁之时再作为贺礼给夫家奉上。

同样的，生的要是男婴就将那酒叫作状元红，希望男孩长大高中状元之后再将陈酿分给街坊邻里。

酿酒之艰

“天有时，地有气，材有美，工有巧，合此四者，然后可以为良”，在 2000 多年前的《考工记》中，前人早已为我们解释了万物各有其时令的道理：“天有时”是说黄酒在隆冬酿造最佳；“地有气”对应的是酿造绍兴黄酒所需的地理环境；“材有美”是说原酿的品质需上乘；“工有巧”指的是黄酒的制作工艺也得精细。有了这四个条件，才能保证黄酒优良的出品。

通常，黄酒的酿造时间是从夏至开始到第二年的清明。夏天制作酒药，秋天制作麦曲，冬天开酿，立春过后，再把冬天酿造的酒进行压榨、煎酒，最后封坛放进仓库，整个流程直到清明后才结束。（酒药是一个个表面布满菌丝、富含有机物的球体，用野生的辣蓼草晒干磨粉，和米糠混合在一起自然发酵后制成，能够让黄酒的风味更加鲜美甘爽。而麦曲则是用秋天收割的小麦制作而成，能够将糯米中含有的淀粉转化成糖分，进而发酵为酒精。）

由于传统工艺所用的酒药和麦曲都是纯天然的复合菌种，酿酒师傅们不得不经受许多常人未曾了解的辛苦。制作酒药的时间经常放在三伏天里，这是一年中

最燥热的日子，酿酒师傅们只能抵着炎炎酷暑的热气开展工作，其中艰辛自是不言而喻。而立冬时节，师傅们又得趁着鉴湖水质最清澈的节点将湖水用到酿造过程中去。做酒的，夏暑和冬冻，都得一一承受着。

在绍兴，黄酒主要分为加饭、元红、善酿、香雪这四种，另外还有前几年刚兴起的丽春和坚持纯正的本酒。

其中，元红酒由普通的摊饭工艺酿造，即把蒸熟的米饭摊在竹板上，自然冷却后加入麦曲、酒母等混合后直接进行发酵。古时候，普通人家会把自家酿的酒装进朱红色的酒坛中，意思便是说：这就是我家最好的酒了。这类酒的颜色橙黄透亮，但口感会稍显单薄，糖度也会偏低。

在元红的基础上，将酿酒的米饭进行二次发酵的酒就成了名副其实的加饭酒。由于发酵并不完全，它的含糖量会更高一些。并且和元红相比，加饭酒的口感更加绵柔，酒体也愈加醇厚。值得一提的是，上面提到的女儿红与状元红都是由加饭酒演变而来。因为酒坛的外部附有一些精致的雕花图案，就被叫作花雕酒。通常都有 3 年至多年陈。

善酿是以储存 1 ～ 3 年的陈元红酒代替水酿成，即以酒制酒的做法。因此得名“善酿”。这类酒的口感往往醇香浓郁，甘甜可口。

而香雪的做法也是有趣：投料时不加鉴湖水，也不加元红，它是在酒糟中蒸馏出来的白酒。

也正是由于它味道香浓并且酒槽洁白如雪而得名。这类酒的颜色偏淡黄，特殊的酿造工艺让它既具有白酒的浓香，又具备了黄酒的甘醇。

若是以甜度来区分以上 4 种酒，元红甜度较低，是为干酒；加饭酒和花雕酒都是半干型；善酿和香雪则是半甜酒和甜酒。

说起本酒就又有一番精彩，作为手工酿造且纯正自然的工艺品，它的口感、香气、风味、色泽都在普通黄酒之上。光是它橙黄的色泽就与其他靠焦糖色（一种色素）进行增色的黄酒有了明显的区别。凑近瓶口能够闻到带有蜂蜜、杏仁、香草的清雅香气，口感丰富醇厚，虽然没有明显的甜，但也有些回甘藏在后头。纯粹的东西往往得依靠严格的先天条件，本酒自然也不例外，要想喝到一口好的本酒，就必须在冬至这个固定的节点进行酿造，差一点都不行。

另外，近年来频繁出现在饭桌上的丽春，其实是一种新的酿造方式酿的，往往含有枸杞等添加物，它的酒精度也相对低一些。

黄酒醉一切

既然要喝酒，自然少不了下酒的佐菜。就绍兴本地而言，花生是再熟悉不过的了。油炸或是水煮都是不错的选择，傍晚归家，去附近的小店买一包油炸花生米或者是看母亲从高压锅里捞出一颗颗肉粒饱满的水煮花生放到大碗里，慢悠悠地闲话家常。当然，茴香豆和蚕豆也不能忘了。茴香豆香气馥郁，越嚼越香；蚕豆酥脆可口，咸鲜有劲。

平常人家里，烧菜做饭，料酒也得必须备着。它是在黄酒的基础上增添一些香辛料，通常用在肉类食物的烹调中，过节祭祀用的金鱼加上料酒一块在锅中煮着，能够消去鱼肉本身的腥味。红烧肉也不例外，掺入料酒之后，能够让它的口感丰富且有层次。

会喝酒的绍兴人对在菜肴里加酒这事也是再熟稔不过，花雕醉鸡、花雕醉鱼、花雕醉枣……仿佛什么都能被拿来醉一醉。当然，这些浸润着酒味的食物吃起来也是别有一番滋味。鸡肉里头充斥着酒香，每咬一口都让人大呼满足；鱼肉覆上了黄酒的香气后更能发挥出它的鲜劲；而浸润了黄酒的红枣也能泛出丝丝甜味。在绍兴，你还能吃到像是黄酒奶茶、黄酒布丁、黄酒棒冰这样有趣的小食，也都好吃得很。

随着升学和工作的到来，我离家的距离越来越远，慢慢地，黄酒成为我在外介绍家乡的一个代名词，每每在菜单上看到带有“黄酒”二字的菜品，也总会感到一种油然的亲切。可以说，黄酒是我们绍兴人的归属。

CHAPTER 5

世界之米

无米饭，不日本

如果将形色各异的日本料理比喻成一个个音符，那米饭则是将它们串联在一起的线谱。

文 周磊

在日本旅游成为风潮的当下，若要说起中国人去日本最爱购买的产品，也许并非智能马桶盖或减肥饮品，“电饭煲”这个词会立刻浮现在大多数人的脑海中。

耐人寻味的是，很多购买电饭煲的人，实际上平时对米饭没有太多的狂热。我的一位朋友曾经报过一种纯购物团，只要给旅行社交 10 万元人民币存 3 个月，对方就免费提供日本 3 天 2 夜游，他最终带了一只 6000 元的电饭煲回来。问起平时是否爱吃米饭，答曰：“只是觉得日本的电饭煲好。”试想，一位在旅游中不舍得掏机票和酒店钱的人，却愿意斥“巨资”购买一只电饭煲，这表面看是对日本电器的信赖，实则是“日本人珍视大米”这一印象在中国已经深入人心。

但要做出美味的米饭，却远远不是一只电饭煲可以完成的。日本对米的加工工艺要求非常严格，把糙米变成精米的过程涉及多个环节，每一步都有着明确的数字化指标。刚生产的糙米会统一在生产线上去掉表层和胚芽，保留胚乳，这样产生的精米颜色洁白，没有杂物，也可以免去淘米的过程。由于水分过低会影响大米的鲜度，日本也对精米的水分比做了严格要求，在加工时就会自动调节，并且通过压密包装，避免产生二次污染。日本人对煮饭的水同样有要求，很多地方甚至会做到用同一个产地的水来煮米，他们认为，这样的东西是最接近的，也最能还原出米的味道。在一个名产地，还会从中间划分出多个产地，来评定米的等级。为了吃米，可以说是连一点小细节都不放过。

米和小麦、玉米并称世界三大谷物，虽然小麦的收成更加可观，但米的卡路里含量较高，可以养活更多人。对于土地有限的日本来说，米一直是重要的农作物之一。过去，幕府下级武士每日的俸禄是五合米，以一合等于 180 克计算，武士一天食米量达到 900 克，放到强调少摄入碳水化合物为流行趋势的现代，大概是非常不健康的生活方式。宫泽贤治的诗《不要输给雨》中曾写道，“一日吃四合玄米加少量味噌蔬菜”，当时的饮食生活以玄米（糙米）为主，搭配蔬菜和味噌煮这种类似国内白菜豆腐汤这样非常简单的小菜，同样反映了米的摄取量之大，以及其在日常三餐里的核心位置。

由于玄米对当时的烹饪方式而言不易消化，18 世纪初，日本人开始加工精米，各家都以白米为主。“二战”结束后，日本国内释放大量农用土地，缺粮的状况得到缓解。

随着农业的发展，各种作物、肉食产量开始增加，米不再是日本人果腹的来源，而成为一餐结束时的休止符。在日本餐厅吃饭，大多数人都是先点酒，然后边喝边点菜，刺身、煮物、炸物，吃完一圈菜之后，客人会

对厨师说："差不多可以上米饭了。"这便是准备买单走人的信号。试想一下中国的酒局，到最后以酒代饭的不在少数，但日本人即使喝到最后也喜欢吃上一些米饭，吃点饭才能说："我吃饱了。"

现在中国食客们对东瀛趋之若鹜，把去日本吃饭看作一种时尚，大家对日本料理的形式如数家珍，比如寿司、怀石料理、天妇罗、鳗鱼饭等。这些料理虽然形式不尽相同，实际上都无法和米饭分家。

拿寿司来说，大部分人的关注点是金枪鱼、海胆这些美味的食材，但高级寿司店的根本，在于这些食材下面的醋饭。

东京最著名的职人之一杉田孝明曾在一次闲聊中跟我说，客人们喜爱的寿司店各不相同，与其说是喜欢那家店，不如说是喜欢那里的醋饭。

醋饭是用米做成的，但可不是用电饭煲去蒸那么简单，每天使用的醋饭，大米都要提前 8 小时进行浸泡，然后再用羽釜煮饭，旁边需要有人看着饭的状态，随时调整火力。用醋调好味后，后厨要有人负责醋饭的保温，等到前面米不够时才送去新的醋饭，以免暴露在常温中过久而使味道变差。有些店更是要根据客人的到店时间煮三四次饭，以保证一直能给客人吃状态最好的醋饭。

好的醋饭可以引出食材的"旨味"，简单来说，就是要用米的酸甜味来让上面的鱼生更好吃，因此寿司店如果做不好醋饭，用再好的食材也没有意义，有些外国游客在吃寿司时，会因为不想吃太多碳水化合物而要求师傅："不要给我醋饭，只给我鱼生。"虽然大部分店也能理解，但立刻沉下脸来发飙的师傅也不是不存在。

天妇罗料理的最后，一般都会端出天妇罗盖浇饭或者天茶（就是茶泡饭）。鳗鱼饭顾名思义，鳗鱼本身油脂丰厚，浇上甜甜的酱汁，可以说是米饭的最佳拍档，如果没有米饭，鳗鱼饭这一料理同样是不成立的。

至于怀石料理，是由寺院的精进料理演变来的，实际上现在日本的热门店都不再拘泥于怀石料理的做法和流程，更多是以让客人满足为目标。有些店喜欢最后端上一锅有各种食材的蒸饭，拍出来也好看，但那些传统的日本人，在最后都喜欢要上一碗白饭，以白饭来配味噌汤和腌菜，这就是日本食生活的精髓。即使在高级的料理店，以用土锅煮出的美味白饭为结尾的也是大有人在。

京都的老店"浜作"老板森川裕之曾说过，他曾试着追求流行，尝试过做鲷鱼饭，结果马上遭到了老客人的抗议："什么时候浜作也开始做这么媚俗的料理了？"森川随后省悟，日本料理实际是减法的美学，最后的白饭正是减法美学的极致："有些餐厅会为了满足客人出各种花样，再来一点吧，再来一点吧。但日本料理的最后，除了白饭，别的什么都不需要，舒适的白饭下肚，这才是日本人最后想要的感觉。"

中国人可能更熟悉在日本电影里常看到的茶泡饭，把出汁或者煎茶倒在米饭里，就这样搭配点简单的食材来吃，过去是为了节约粮食。现在日本人依然爱茶泡饭，所以有时候也会用一些很好的食材比如鳗鱼来搭配。

还有各种令人食指大动的锅料理，像河豚锅、甲鱼锅、牛肉锅，吃到最后也会投入一碗煮好的白饭，称为"杂炊"。因为锅里的汤很美味，所以就这样就着米饭吃，在主打锅的料理店，结束时所吃的杂炊依然是白饭做成的料理。

更有趣的是日本的定食，这种套餐的形式大多是以米饭搭配各种菜，其中还有米饭配饺子这样的套餐。很多中国人都表示不能理解，米饭和饺子不都是主食吗？但对于日本人来说，米饭与其说是主食，倒不如说是主菜，既然是主菜那就什么都可以搭配。把蘸上辣酱汁的饺子放在米饭上，一下咬掉一大口，虽然前面都很克制，但写到这里的时候我自己忍不住流下了口水。如果你不对自己的饮食逻辑做硬性规定，就会发现新大陆的美妙之处。

何以解苦夏，唯有鳗鱼饭

鳗鱼饭是能让人忘记悲伤和寂寞的。

文 四喜、MOMO 酱

夏日吃鳗鱼饭，这是日本人立下的规矩。每年 7 月 20 日左右的“土用丑日”（根据《广辞苑》记载，它是指立秋前的 18 天，一年之中最炎热的日子），是鳗鱼迷们的节日。光是这一天，日本人的鳗鱼消耗量便达到了 2 万到 3 万吨。然而奇怪的是，此时并不是鳗鱼最好的时光，那日本人为什么选在这个日子吃鳗鱼？

传说是因为夏天鳗鱼不够肥，大家又流汗吃不下，所以鳗鱼店的生意特别差。于是，江户时代的著名学者平贺源内受一家鳗鱼店老板的委托，写了一篇文章，说“土用丑日”应该要吃‘う’字头的食品（在日语里鳗鱼的发音是“うなぎ”），鳗鱼就是其中之一。此口号一出，鳗鱼店的生意一下子就红火了起来，这个宣传理念直到现在依旧生效。有需求就扩大需求，没有需求就创造需求，这么看来，平贺源内不仅是当时的万能学者，还是一个不折不扣的高阶广告人。

但其实，想吃鳗鱼饭哪用得着找这么多理由！蘸着酱汁的鳗鱼一上桌，鲜甜的香气已经足以让人心甘情愿地一头扎进去不愿离开了。

吃鳗鱼饭时，我们吃的到底是什么？

鳗鱼

全球的鳗鱼大概有 18 种，而日本人比较常食用的主要有 3 种。首先要说的是日本鳗和欧洲鳗。日本鳗细长，欧洲鳗粗短。两种鳗鱼都肉质紧实、油脂丰腴，非常适合做成鳗鱼饭，但养殖欧洲鳗的成本更高，所以目前的鳗鱼饭比较多的是采用养殖的日本鳗来制作。

其次比较常吃的是星鳗。星鳗属于康吉鳗科，但是在翻译时常常被笼统地翻译成“海鳗”，这是不够准确的。

单从外形上看，星鳗和日本鳗的最大区别在于星鳗的身体侧线会有白色小点，且尾巴是尖尖的，而日本鳗则没有白点，且尾部呈扇形。因为体型小、肉质偏瘦，所以星鳗一般会做成天妇罗，比较大的星鳗则适合蒲烧或者制成寿司。

还有一种是海鳗。这种鳗鱼长得牙尖嘴利，面相极为凶险。不过在料理上倒是显得极为宽容，可以制成流行于关西地区的箱押寿司，也可以做成茶碗蒸、天妇罗，只要搭上好兄弟——梅子，味道总不会太差。

食器

人们一般常说的“鳗鱼饭”是指鳗丼，也就是鳗鱼盖浇饭，而鳗重看起来则是更为高级的鳗鱼饭，单是看亮红色的漆木盒与同样红亮的鳗鱼相配就让人感到浓浓的金碧辉煌之气。

那么鳗重和鳗丼到底有什么区别呢？主要体现在食器和体积上。

食器上的差别是最好分辨的，鳗丼通常盛装在瓷碗中，而鳗重则是专门盛放在“重箱”，也就是漆木盒中，这也是它被称为“鳗重”的原因之一，即鳗鱼 + 重箱。

在体积上的区别就没有那么绝对了。虽然一般人都觉得鳗重会比鳗丼分量更多一些，但是据在鳗鱼店打过工的知情者透露，其实并没有多大差别。

当然，也有肉眼可发现的分量大小之分，因为鳗重还有一层意思是鳗鱼 + 重叠。一些等级高的鳗重，例如“特上”鳗重就会在米饭中暗藏玄机——另外再埋藏一层鳗鱼。这一层鳗鱼不仅填补了鳗鱼总不够吃的遗憾，而且因为米饭的热烘变得愈发柔软，是叫人眼前一亮的上味。

至于有些人会担心鳗重和鳗丼中使用的鳗鱼是否会存在选材不同，那倒不用过分担心。只要你选择的是同等级鳗鱼饭，那基本上只会有食器和米饭多少的不同。

口味

在日本，鳗鱼最普遍的料理法是“蒲烧”，这是因为在古时候，鳗鱼是切成一段一段的圆筒状，再以竹签串着烤，由于形状像香蒲穗，所以称为蒲烧。后来，虽然鳗鱼被剖开成片状来烤，名字还是没有变。

尽管各地都叫“蒲烧”，但是在对鳗鱼的处理和烤制手法上还是存在流派之分的。京都、大阪的关西做法是将鳗鱼从腹部剖开，去骨、剔刺后用细铁棒串起，先烤肉再烤背皮，直到略焦香脆。而东京方面的关东做法，就避开了类似武士切腹自杀的剖腹宰法，先将锤针对着活鳗的头部钉入砧板，再从背部顺势划刀，一分为二再去骨除刺。洗净后，先用炭火烤背皮再烤肉，之后入蒸笼。蒸煮后，起出用竹签串起再次用炭火细烤，直到软嫩焦香。鳗鱼饭的酱汁虽然都是以鳗鱼肉汁、酱油和味醂为主，亦分流派。名古屋的酱汁明显偏甜；到了京都，甜度减少，咸味却增加了。

如果你只吃过蒲烧鳗鱼，那么只等于吃了半条鳗鱼，还有一半当属“白烧”。白烧鳗鱼就是不添加任何调味料和酱汁烤制的鳗鱼，这对于鳗鱼本身的品质要求和店家的烤制手法要求极高，几乎可以视为鉴定一家鳗鱼料理店是否合格的标准之一。

白烧鳗鱼有时候会单独出现，有时候会在鳗重中与蒲烧鳗鱼搭档出现，不过最好的还是专心品尝一下白烧。无论是蘸酱油、山葵还是撒上海盐，鳗鱼宽厚柔软的香气都能直击味蕾。这样的吃法在日本著名的鳗鱼产地滨名湖最为普遍。

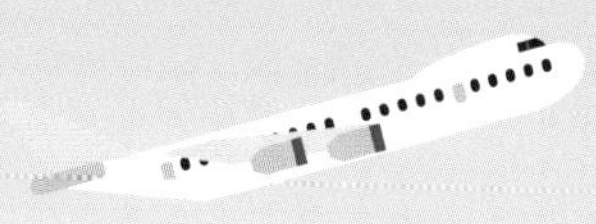

来逛大米美食街！

世界各地的人都是怎么吃米的？

文 福桃编辑部｜插画 Judy、子丸喜四

印度：咖喱饭

在印度，虽然万物皆可咖喱，但最配的还得是白米饭。辣椒、胡椒、生姜、大蒜、洋葱……生而浓烈的印度咖喱，似乎只有在米饭的缓冲下才能在胃里安然落地。

大米美食街

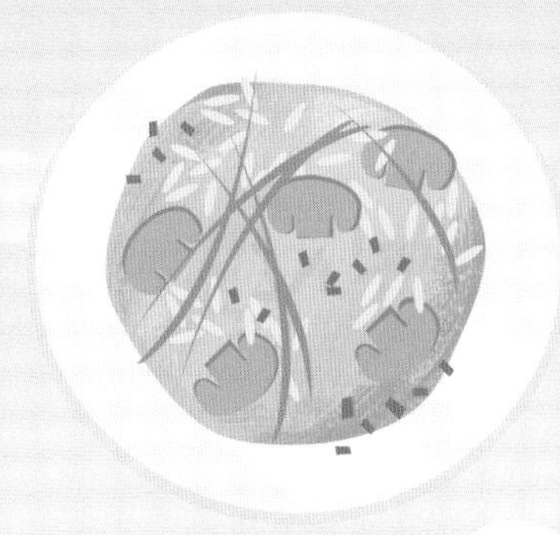

意大利：烩饭

700 多年前，马可·波罗将稻米从中国带到了意大利；如今意大利成了欧洲最大的稻米生产国，烩饭在这个过程中应运而生，成了世界闻名的意大利菜。

放入平底锅里小火慢煨，少量多次倒入高汤，眼看汤汁收紧、米饭变稠，再加入不同的材料进行翻炒。因为没有进行长时间的焖煮，米饭外软内硬，这种略带“夹生”的口感也成了意大利烩饭的特色之一。

西班牙：海鲜饭

海鲜饭诞生于西班牙的瓦伦西亚，该地是欧洲少数盛产稻米的地区之一，加之其海产丰富，促成了这一场米饭和海鲜的奇妙碰撞。当看见大虾、牡蛎、青口贝、鱿鱼整齐地码放在米饭之上，浓郁的海鲜汤底融进饭里，再加上“灵魂”藏红花的香气，简直是视觉与味觉的双重享受。

韩国：石锅拌饭、韩式炒年糕

如果你本身就是一个无米不欢的人，那韩餐永远是个不会出错的选择。无论你的选择是一份刷足了香油同时撒满了白芝麻的紫菜包饭，还是一碗各色配菜码放整齐、顶上还盖了一个溏心蛋的石锅拌饭，抑或是一盘酱汁浓郁的韩式炒年糕。

泰国：芒果饭、榴莲饭

在泰国的集市上总看见各式各样的水果饭，丰腴顺滑的芒果、榴莲配上软糯的糯米，果肉如同细腻的奶油在舌苔上融化，糯米饭因为被淋上了椰汁有着独特的清甜，当两种完全不同的口感混合在一起进入口腔的时候，很难不佩服东南亚人的想象力。

越南：米春卷

细滑又带着米香的米皮卷着鲜虾、猪肉及蔬菜，通过半透明的米皮可以看到春卷里面的内馅，一个个显得晶莹剔透。蘸上鱼露、小米辣和青柠汁调配的酱汁，酸辣爽口，是越南人夏日解暑的必备菜肴。

新加坡：海南鸡饭

当年海南人把家乡风味带到新加坡，融入当地的香料，创造出了海南鸡饭，而后海南鸡饭便风靡新加坡的大街小巷，甚至成了新加坡的“国菜”。

海南鸡饭用的是 60 日至 70 日大的文昌鸡，用斑兰叶、香茅腌煮之后放入冷水浸泡片刻，反复数次使得鸡皮 Q 弹，鸡肉紧致而不柴。旁边配的鸡油饭更是一绝，先葱蒜爆锅，再加米饭翻炒，最后倒入鸡汤小火焖煮。出锅之后的米饭，鸡汤包裹着米饭金光闪闪，入口油而不腻，只得满口鲜香。